工程哲学导论

主　编　任立华　魏　军

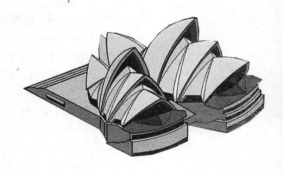

 大连理工大学出版社

图书在版编目（CIP）数据

工程哲学导论 / 任立华，魏军主编. — 大连：大
连理工大学出版社，2018.10（2019.8 重印）
ISBN 978-7-5685-1762-1

Ⅰ. ①工… Ⅱ. ①任… ②魏… Ⅲ. ①技术哲学
Ⅳ. ①N02

中国版本图书馆 CIP 数据核字（2018）第 232238 号

大连理工大学出版社出版

地址：大连市软件园路 80 号　邮政编码：116023
发行：0411-84708842　邮购：0411-84708943　传真：0411-84701466
E-mail：dutp@dutp.cn　　URL：http://dutp.dlut.edu.cn
丹东新东方彩色包装印刷有限公司印刷　　大连理工大学出版社发行

幅面尺寸：185mm×260mm	印张：10.75	字数：245 千字
2018 年 10 月第 1 版		2019 年 8 月第 2 次印刷

责任编辑：白　璐　　　　　　　　　　　　责任校对：王凌翀
封面设计：张　莹

ISBN 978-7-5685-1762-1　　　　　　　　　定　价：29.80 元

前　言

　　工程塑造了现代文明并深刻地影响着人类社会生活的各个方面,构成了现代社会存在和发展的基础,是现代社会实践活动的主要形式。工程师在"造物"过程中创造丰富物质文明的同时也应该关注资源的节约、环境的保护、文化的传承和社会的和谐,遵循事物发展的规律。因而,对工程师的培养,首先要从哲学思维的培养入手,使工程师具有系统的工程思维方法和哲学的思辨能力,树立全面的工程观,并能用哲学思维更好地解决工程难题。中国工程院原院长徐匡迪就提出"工程需要有哲学支撑,工程师需要有哲学思维"。

　　从1991年建校开始,齐齐哈尔工程学院就以培养应用型、职业型的创业者为目标,经历了二十年职业教育的艰难发展,走过了十年的升本历程,于2011年4月顺利进入国家应用型本科高校的行列。面对社会上存在的"就业难"与"用工荒"两大难题,学院提出实施"卓越工程师"培养计划,强调对学生实践能力的培养,注重专业与企业的有效对接,走"政校企合作、产学研融合"的办学之路,这无疑是破解"就业难"与"用工难"矛盾的关键。通过实施"卓越工程师"培养计划,通过教育与行业、高校与企业的有效对接,学院以实际工程为背景,以工程技术为主线,着力提高学生的工程意识、工程素质和工程实践能力,进而培养大批适应社会需求的工程师。在这样的历史背景下,编者提出了针对不同专业的学生实施工程教育,培养学生的工程哲学思维的构想。根据各个专业的实际情况,我们编写了这本理论与实践相结合的《工程哲学导论》教材。

　　回顾历史,人们对工程哲学研究的时间并不长。19世纪末是工程哲学的酝酿期,21世纪之初工程哲学的研究在东西方同时兴起。2002年,美国麻省理工学院布希阿勒里教授在欧洲出版了《工程哲学》一书,引起了广泛关注。2002年,中国科学院李伯聪教授将自己在工程哲学方面的研究成果形成了系统性专著《工程哲学引论》。此后,中国工程院、中国科学院与中国自然辩证法研究会以及很多的

新世纪

专家、学者在此领域都进行了卓有成效的研究和论述。

编者在前人研究的基础上进行提炼和创新，形成了自己的研究体系。与以往专家学者的观点的不同之处在于本教材将工程定义得更加宽泛，认为工程是指人类的一切活动，涉及社会的许多领域，包括自然工程和社会工程。自然工程是人们造物活动的过程，主要是改造自然世界，社会工程是人们对社会关系的调整过程，主要是改造社会世界，自然工程创造的是实体性存在，社会工程改造或调整的是关系性存在，前者造物，后者改进社会关系。本教材针对自然工程与社会工程两类工程领域出现的哲学问题进行分析、归纳、综合与提升，以学生为本，以学生职业发展为主线，启发学生的工程哲学意识，培养学生专业领域内应该具有的哲学思维能力，同时让学生了解哲学的发展简史，注重对学生人文素质的提升，用具体的工程案例说明问题、分析问题和解决问题，试图做到通俗易懂、深入浅出，具有趣味性和知识性。本教材以应用型本科学生为立足点进行编写，重点培养学生具有全面的观点、辩证的观点和联系的观点，使学生在工程系统观、工程价值观、工程经济观、工程安全观、工程生态观、工程社会观、工程文化观等方面有一个正确的认识和总体把握。

工程哲学是对工程造物的思辨，是研究人类改变客观世界活动的哲学，也是作为工程实践主体的工程师所必备的工程素养和哲学智慧。工程师要树立工程意识，工程意识包括自然、环境意识，科学技术意识，经济、管理意识，社会、体制意识和人文、伦理意识，是科学发展观的基本内容。工程活动不仅包括技术要素、科学要素，还包括自然要素、环境要素、经济要素、管理要素、人文要素、伦理要素和社会要素。因此强调树立工程意识比树立科学意识具有更深刻、更广泛的意义。工程思维作为贯穿于工程全过程的最主要的思维活动，在很大程度上决定着工程本身的效率、效益与成败。编者力求通过对学生工程哲学思维的培养，以及科学的组织方法，促进工程教育的改革和创新，全面提高我国工程人才培养的质量，努力建设具有先进水平的、中国特色的社会主义现代化高等工程教育体系，促进我国从工程教育大国走向工程教育强国。

本教材由齐齐哈尔工程学院任立华、魏军任主编，具体编写分工如下：任立华编写下篇，魏军编写上篇和参考文献。

编者在写作本教材过程中，得到齐齐哈尔工程学院院长曹勇安教授的大力支持，还受到学院的终身顾问——齐齐哈尔师范学院原校长张永春教授的亲自指导，得到了很多建设性意见，在此表示衷心的感激！本教材也借鉴了许多专家学者的观点，一并表示感谢。

我造物我快乐，我思考我快乐。在思考中造物将是快乐的人生之旅，希望未来的工程师们能够在快乐中达到自己的卓越！

编者
2018 年 10 月

所有意见和建议请发往：dutpbk@163.com
欢迎访问教材服务网站：http://www.dutpbook.com
联系电话：0411-84708445　84708462

目 录

下篇　工程哲学

上　篇

哲学简史

第一章　哲学思想的萌芽——早期希腊哲学

橄榄的故事

泰勒斯是一个商人,可是他不好好经商,不好好赚钱,总是去探索些没用的事情,所以他很穷,赚不到钱。而且他有一点钱就去旅行花掉了,所以有人说哲学家是那些没用的人,赚不到钱的人,很穷的人。泰勒斯有一年运用他掌握的知识赚了一笔钱,当然这个说法可能有杜撰的意思,他知道那一年雅典人的橄榄会丰收,然后租下了全村所有的榨橄榄的机器,乘机垄断,抬高了价格,就赚了一笔钱,以此来证明哲学家是有智慧的人。只是他有更重要的事情要做,他有更乐于追求的东西要去追求。如果他想赚钱的话,他是可以比别人赚得多的。

哲学观点

在希腊人的哲学思考之中,蕴含着一些基本观念:哲学思考的出发点是宇宙的合理性;宇宙是有规律、有秩序的;宇宙是一个整体等。这些基本观念潜移默化地影响着哲学家的思想并且支配着整个西方古典哲学。

导　言

中华文明发明了活字印刷术、火药、造纸术、指南针,对世界文明发展史产生了很大的影响。印度数学家发明了零,使算术得以顺利发展,因而推动了关于量的科学的进步。而爱琴海是西方哲学文明的发源地,让我们一起欣赏古希腊哲学这朵美丽的智慧之花。

第一节　哲学使我们认识世界

哲学,从其本义指爱智慧和追求智慧,从生活关系上讲,它是人类美好生活的向导,能够指导人们更好地生活,哲学的智慧不是从人们的主观情绪中凭空产生的,而是人们在认识世界和改造世界的活动中,在处理人与外部世界关系的实践中逐步形成和发展起来的。哲学的智慧产生于人类的实践活动。源于人们对实践的追问和对世界的思考。哲学就是一门给人智慧、使人聪明的学问。

一、泰勒斯——哲学始祖

泰勒斯被公认为西方哲学史上第一位哲学家。他第一个提出了"什么是世界本原"这个有意义的哲学问题。他的回答是：水是万物的本原，并试图借助经验观察和理性思维来解释世界。哲学思维的可贵之处不仅表现在在别人习以为常的地方提出问题，而且还表现在解决问题的新思路。如果说，泰勒斯所说的"水是本原"的断言在今天看来似乎是幼稚可笑的，那么，他为自己的结论所列举的证据和理由却是值得我们认真对待的。他的结论虽然过时，但是，他的问题和思想方式却表现出哲学思维的本质特征。在此意义上，他被称为西方第一位哲学家是当之无愧的。

二、泰勒斯哲学的主要观点

（一）水本原说

泰勒斯的哲学观点用一句话来总结就是"水生万物，万物复归于水"，他认为世界本原是水。泰勒斯提出了世界的本原是什么的问题。在他看来，为本原说提出两方面的理由。一方面，他用经验证据说明水有滋养万物的作用。据亚里士多德说，他得到这个想法，也许是由于观察到万物都以湿的东西为养料，热本身就是从湿气里产生，靠湿气维持的。另一方面泰勒斯通过观察发现，"万物的种子本性都是潮湿的，所以，水就成了潮湿东西的自然本原"。当泰勒斯把水当作万物产生的根源时，他第一次以哲学的方式表述了关于本原的思想，他由此被看作希腊哲学的创始人。

（二）万物有灵

泰勒斯还有一个很重要的观点就是"万物有灵"。根据这一学说，连石头也是有灵魂的生物。泰勒斯向他哲学上的对立面毕达哥拉斯反复强调说：整个宇宙都是有生命的，正是灵魂才使一切生机盎然。这一说法在当时非常流行。泰勒斯曾用磁石和琥珀做实验，发现这两种物体对其他物体有吸引力，便认为它们内部有生命力，只是这生命是肉眼看不见的。由此，泰勒斯得出结论：任何一块石头，看上去冰冷坚硬、毫无生气，却也有灵魂蕴涵其中。直到公元前300年，斯多葛派哲学家还用泰勒斯的实验来证实世间万物因有生命而相互吸引。

三、泰勒斯哲学的深刻启示

泰勒斯被视为西方哲学的开创者。他的"水是万物的始基"的命题，第一次尝试回答"世界从哪里开始"的问题，是人类从"本原"的意义上认识世界的开创之举。

在我国的传统的文化中，一个很重要的情结，就是对本原的确定。为什么会有这样的感觉？因为只有找到"根"，我们才有脚踏实地的感觉，才能找到那被称为"依托"的东西。

我们只有明确中华民族的"本"，把持住我们立于世界民族之林的"魂"，才能真实而自信地存在与发展，才能让我们的"本原"得以延续。泰勒斯的思想是超越了具体意义的哲学反思，开创了人类认识的一个新时代，拉开了从哲学角度审视世界的大幕。

第二节　芝诺——辩证法的创始人

哲学在古希腊是"爱智慧"的意思。古希腊人把认识宇宙万物共同的本原问题（即万物同一或世界的统一性问题）、把寻找"始基"看成是最智慧的事情。芝诺哲学的出现是古希腊哲学史上的一个伟大转折和质的飞跃。芝诺悖论思想揭示了事物之间的矛盾，具有强烈的思辨风格；芝诺的论证方法及辩论技巧，成为后来智者们的思想渊源，促进了逻辑和理论思维的发展。

一、悖论思想

"悖论"是两个英语单词 paradox 和 antinomy 的中译，而 paradox 源于希腊词 para 和 doxa，意思是令人难以置信。因此，从字面上说，悖论是指荒谬的理论或自相矛盾的语句或命题。但"悖论"的精确含义究竟是什么呢？悖论是某些知识领域的一种论证，从对某概念的定义或一个基本语句（或命题）出发，在有关领域的一些合理假定之下按照有效的逻辑推理规则，推出一对自相矛盾的语句或两个互相矛盾语句的等价式。

例如：在古希腊爱利亚城的萨维尔村，理发师挂出一块招牌："我必须而且只给村里所有那些不给自己理发的人理发。"有人问他："你给不给自己理发？"理发师顿时无言以对。这是一个矛盾推理：如果理发师不给自己理发，他就属于招牌上的那一类人，有言在先，他应该给自己理发，反之，如果这个理发师给他自己理发，根据招牌所言，他只给村中不给自己理发的人理发，他不能给自己理发。因此，无论这个理发师怎么回答，都不能排除内在的矛盾，在逻辑学上，这种左右为难的情况，出现互相矛盾的结论，表面上又能自圆其说的命题，被称为"二难推理"，又称悖论。悖论的出现往往是因为人们对某些概念的理解认识不够深刻正确所致。历史上最经典的悖论有芝诺悖论、罗素悖论、康托悖论等。

二、芝诺悖论

根据亚里士多德在《物理学》中的转述，芝诺提出了四个悖论，这些悖论包括"两分法""追不上乌龟""飞矢不动"和"操场或游行队伍"。我们可以看一下其中两个论证。

（一）阿喀琉斯追龟说

阿喀琉斯是《荷马史诗》中的善跑英雄。而根据芝诺的观点，如果让乌龟领先阿喀琉斯一段距离，然后开始比赛，奔跑中的阿喀琉斯就永远也无法超过在他前面慢慢爬行的乌龟。为什么会有这样结论呢？芝诺是这样论证的：阿喀琉斯要追上乌龟，必须首先到达乌龟的出发点，而当他到达那一点时，乌龟又能向前爬了。尽管二者的距离不断地在接近，但永远不可能为零。因而乌龟必定总是跑在前头。

亚里士多德指出：认为在运动中领先的东西不能被追上这个想法是错误的。因为在它领先的时间内是不能被赶上的，但是，如果芝诺允许它能越过所规定的有限的距离的话，那么它也是可以被赶上的。

(二)飞箭静止说

如飞一样的箭怎么可能是不动的呢? 这实在让我们费解。但芝诺自有一番说道。他认为:任何东西在占据一个与自身相等的空间时都是静止的,飞着的箭在任何一个瞬间总是占据与自身相等的空间,所以也是静止的。飞着的箭在任何瞬间都是既非静止又非运动的。如果瞬间是不可分的,箭就不可能运动,因为如果它动了,瞬间就立即是可以分的了。但是时间是由瞬间组成的,如果箭在任何瞬间都是不动的,则箭总是保持静止。所以飞出的箭不能处于运动状态。

可见,芝诺给当时的人们出了一个很大的难题。尽管我们可以凭借直觉的信念,很轻易地否定芝诺悖论的结论:在他看来,既然承认运动就必然会陷入矛盾,而矛盾是不合理的,所以运动是不真实的。芝诺不懂得,正是由于运动所具有的矛盾性,它才是真实的。正如恩格斯所说:"运动本身就是矛盾,甚至简单的机械的位移之所以能够实现,也只是因为物体在同一瞬间在一个地方又在另一个地方,既在同一个地方又不在同一个地方。这种矛盾的连续产生和同时解决正好就是运动。"但是可以看出,芝诺所提示的矛盾却是深刻而复杂的。

三、芝诺辩证法的评价

在哲学上,芝诺被亚里士多德誉为辩证法的发明人,黑格尔在他的哲学史演录中指出芝诺主要是客观地、辩证地考察了运动,并称芝诺为"辩证法的创始人"。

芝诺鲜明地揭示了运动是矛盾的,本身就是很大的功劳。这种揭示的特点在于它是逻辑极其明确的,要求人必须消除不该有的思维上的自相矛盾,只有在逻辑上弄清楚矛盾才能解惑。芝诺的论证都要求人的思维在逻辑上清晰、确定。你可以不同意它们;它们也确实包含着严重的错误;但无论如何,再靠泛泛的言谈,单纯地摆感性事实的所谓依据,传统的权威,都不再中用了,因为这些都无法驳倒芝诺的论证。这就逼着人们走上了逻辑思维之路去求真理;唯有对事实作逻辑上比对方更为清晰、更为确切的分析,才可能战胜论敌。这也就是真正的真理之旅,于是,从此希腊哲学沿着一条辩证思维之路向前发展了。

第三节　赫拉克利特——万物皆动,万物皆流

古语说"苟日新,日日新,又日新"。世界常新对于我们来说有两个层次的含义:从希望的角度来说,万物常新,我们就能够用自己的努力,去争取新的变化,新的收获;从督促的角度来说,万物常新,决定了我们永远不能停留在某一点上心安理得地等待和休闲。这就是我们提倡在变化和运动中去寻找和发现问题之原因。

一、赫拉克利特的哲学观点

在古希腊古典神话中,有一则关于火的传说:"在世界产生之初,人间并没有火,为了

维持人的生命,普罗米修斯不怕违背宇宙之神的意愿,用粗大的茴香杆从太阳火焰车上引到了火种,将余烬未熄的火花带回人间。人间从此有了火,而普罗米修斯也因此被宙斯下令锁在高加索山的悬崖峭壁上,承受被凶猛的苍鹰啄食肝脏的痛苦。"历史记载:钻燧取火是人类社会进步和发展的一个重要里程碑。从中我们可以看出:人类对火的认识,绝不仅仅局限于此。关于火的认识,赫拉克利特是做出努力的杰出哲学家。其主要思想表现在以下两个方面。

(一)永恒的活火

赫拉克利特认为万物的本原是火,说宇宙是永恒的活火。它过去、现在和将来永远是一团永恒的活火,按一定尺度燃烧,按一定尺度熄灭。他的基本出发点是:这个有秩序的宇宙既不是神也不是人所创造的。宇宙本身是它自己的创造者,宇宙的秩序都是由它自身的逻各斯所规定的。原因:火是诸元素中最精致,并且是最接近于没有形体的东西;更重要的是,火既是运动的,又能使别的事物运动。赫拉克利特学说的本原论是对米利都学派的朴素唯物论思想的继承和发展。

(二)万物皆流

赫拉克利特有一句名言"人不能两次走进同一条河流",这句名言的意思是说,河里的水是不断流动的,你这次踏进河,水流走了,你下次踏进河时,又流来的是新水。河水川流不息,所以你不能踏进同一条河流。显然,这句名言是有其特定意义的,并不是指这条河与那条河之间的区别。赫拉克利特主张"万物皆动""万物皆流",这使他成为当时具有朴素辩证法思想的"流动派"的卓越代表。

赫拉克利特的这一名言,说明了客观事物是永恒地运动的、变化和发展着的这样一个真理。恩格斯曾评价说:"这个原始的、朴素的但实质上正确的世界观是古希腊哲学的世界观,而且是由赫拉克利特第一次明白地表述出来的:一切都存在,同时又不存在,因为一切都在流动,都在不断地变化,不断地产生和消失。"

二、赫拉克利特哲学的特点

赫拉克利特被称为辩证法的奠基人之一,他的辩证法思想有以下两个特点。

(一)以火为基础的唯物主义的辩证法思想

我们知道火对于人类来讲其作用是不可估量的,从人类学会使用火,火就成了人类生活中不可缺少的东西。也正因为如此,古代的人对火的神奇作用进行过无数次的观察、分析和猜测,赫拉克利特就是积极的探索者之一。他发现当火燃烧时,火焰不停地活动,无时无刻是静止的,火的这一特性是最能代表变的。所以,他就以"活火"来描述世界的本原及其万物的运动、变化。他这样写道:"这个世界对于一切存在物都是同一的,它不是任何神所创造的,也不是任何人所创造的;它过去、现在和未来永远是一团永恒的活火。"列宁称赞这段话是"对辩证唯物主义原则的绝妙说明书"。

(二)具有直观性、朴素性和猜测性

由于受社会历史条件、生产力发展水平等方面的条件限制,赫拉克利特的辩证法难免带有直观、朴素和猜测的性质。例如,他提出的一切都在运动、变化、产生和消失的观点虽然正确地把握了现象的总画面的一般性质，却没有说明构成总画面的各个细节，而不知道这些细节，对总画面的认识也只能是笼统的、不清楚的。他提出的许多问题都带有明显的直观性。如"太阳有人的脚那么宽""在圆周上，起点与终点是重合的""猪在污泥中取乐"以及"活火"论等问题都是直观认识的结果。

知识链接

数学与哲学

数学作为人类智慧的一种表达形式，反映生动活泼的意念、深入细致的思考以及完美和谐的愿望，它的基础是逻辑和直觉、分析和推理、共性和个性。

哲学曾经把整个宇宙作为自己的研究对象。哲学的中心问题从"世界是什么样的"变成"人怎样认识世界"。

今天，数学在向一切学科渗透，它的研究对象是一切抽象结构——所有可能的关系与形式。可是西方现代哲学此时却把注意力限于意义的分析，把问题缩小到"人能说出些什么"。哲学应当是人类认识世界的先导，哲学关心的首先应当是科学的未知领域。哲学家谈论原子在物理学家研究原子之前，哲学家谈论元素在化学家研究元素之前，哲学家谈论无限与连续性在数学家说明无限与连续性之前。

哲学，在某种意义上是望远镜。当旅行者到达一个地方时，他不再用望远镜观察这个地方了，而是把它用于观察前方。数学则相反，它是最容易进入成熟的科学、获得了足够丰富事实的科学、能够提出规律性的假设的科学。它好像是显微镜，只有把对象拿到手中，甚至切成薄片，经过处理，才能用显微镜观察它。

宇宙的奥秘无穷。向前看，望远镜的视野不受任何限制。新的学科将不断涌现，哲学有许多事可做。面对着浩渺的宇宙，面对着人类的种种困难问题，哲学已经放弃的和数学已经占领的，都不过是沧海一粟。

思维训练

1. 请说出数学在专业领域中的用途，看谁说得最多。
2. 请说出哲学对当今科学发展起到什么样的作用，举例说明。
3. 为什么说哲学是智慧之学、数学是工具之学？

第二章 哲学的黄金时代——希腊古典哲学

苏格拉底的故事

古希腊大哲学家苏格拉底来到市场上,他一把拉住一个过路人说道:"人人都说要做一个有道德的人,但道德究竟是什么?"

那人回答说:"忠诚老实,不欺骗别人,才是有道德的。"苏格拉底问:"但为什么和敌人作战时,我军将领却千方百计地去欺骗敌人呢?""欺骗敌人是符合道德的,但欺骗自己人就不道德了。"苏格拉底反驳道:"当我军被敌军包围时,为了鼓舞士气,将领就欺骗士兵说,我们的援军已经到了,大家奋力突围出去。结果突围果然成功。这种欺骗也不道德吗?"那人说:"那是战争中出于无奈才这样做的,日常生活中这样做是不道德的。"苏格拉底又追问起来:"假如你的儿子生病了,又不肯吃药,作为父亲,你欺骗他说,这不是药,而是一种很好吃的东西,这也不道德吗?"那人只好承认:"这种欺骗也是符合道德的。"苏格拉底并不满足,又问道:"不骗人是道德的,骗人也可以说是道德的。那就是说,道德不能用骗不骗人来说明。究竟用什么来说明它呢?还是请你告诉我吧!"

那人想了想,说:"不知道道德就不能做到道德,知道了道德才能做到道德。"

苏格拉底这才满意地笑起来,拉着那个人的手说:"您真是一个伟大的哲学家,您告诉了我关于道德的知识,使我弄明白了一个长期困惑不解的问题,我衷心地感谢您!"

苏格拉底方法作为一种学生和教师共同讨论、共同寻求正确答案的方法,有助于激发和推动学生思考问题的积极性和主动性,由已有的知识引出结论。亚里士多德称其为"归纳的论证"。亚里士多德说:"热爱真理的人在没有危险的时候爱着真理,在危险的时候更爱真理。"

所谓"古典时期"是相对于公元前 8 至 6 世纪的上古时期而言的,大体上指公元前 5 世纪到 4 世纪 40 年代马其顿统一希腊以前的 100 多年,这是古希腊城邦制从繁荣走向衰落的时期,也是希腊哲学发展史上的鼎盛时期。马克思说:"希腊的内部极盛时期是伯里克利时代"。

第一节　苏格拉底——人是哲学的奥秘

"苏格拉底在西方、在学习哲学的人们心目中代表着：以自认无知的态度去全心全意地求真知，通过对话问答而难倒自负者，以自己的全部生命殉其德性。"苏格拉底哲学观点——"认识你自己"，是从自然本原研究向心灵研究的视野转向，以及以无预设结论的无知态度通过对话的方式诱导谈话人（自负者）达到对于德性普遍意义的自我认识。

一、认识你自己

"认识你自己"原本是古希腊德尔菲神庙上铭刻的一条神谕。它以朴实无华、言简意赅的语言，道出了深刻的哲理。这条箴言同哲学一直有不解之缘，启发了无数人的智慧和思索。

真正赋予"认识你自己"这句箴言以较深哲学意义的人是苏格拉底。他认为认识人类自己应成为哲学最中心的主题，智者其实并没有认识人自己，因为人之所以为人不在于他有感觉或感官的欲望，而在于人的理性的精神本质。只有感觉特殊性而没有普遍一致的本质的人，算不上真正的人。所以对于人来说，认识自己的本质在于善，致力于自己灵魂的净化和最大改善才是他们最要紧的事情。但是大多数人却不理解这一点，对自己无知还自以为知，因而沉溺于不义和灾难之中不能自拔。哲学的目标就是要唤醒人们认识他自己的这个本质。所以，苏格拉底的所谓"认识自己"实际上就是认识人的理性的精神本质。

在苏格拉底看来，哲学不仅要得到一般的知识，而且要得到可靠的、满意的知识即真理。这就是说，哲学不但要了解世界现象的各个环节，而且要了解世界的本质。人在苏格拉底哲学中是理性的、精神的实体，同时也是实践的实体，其最高的理想是道德的"善"。在人事问题上，苏格拉底认为一切事情的真正原因不在于自然、物质方面，而在于人的心灵，在于你把什么认作"好"，认作合乎道德。苏格拉底认为唯有心灵的安排才是一切能动性的真正原因，而心灵总是按照"好"的目的来安排一切的。这种心灵的"好"即"善"，不是现实的特殊的人们的目的或是来自肉体感官欲望的"好"，而是普遍的"善"，纯理智所把握的"善"，不是相对的"善"而是绝对的"善"。这种客观的"善"不可能存在于感性物质世界里，也不能通过肉体感官知晓，只能存在于神的世界里，只能由摆脱肉体的灵魂来真正地把握和达到。苏格拉底对这种道德的"善"的追求，体现在他的行为中，以自己悲剧性的结局来树立一个善的理想，同时也体现在他的道德哲学中。

二、美德就是知识

美德是古希腊哲学家们经常讨论的一个概念。有关美德是什么和美德的由来，不同的哲学家提出了不同的看法。苏格拉底也同样十分关注对"美德"的研究。在柏拉图所著的《美诺篇》中，苏格拉底提出了"美德即知识"的重要命题。他认为一切美德都离不开知识，知识是美德的基础，知识贯穿于一切美德之中；美德不是孤立存在的一些观念和准则，任何美德均须具备相应的知识,无知的人不会真正有美德。

　　"美德即知识"是苏格拉底整个道德哲学的主旋律,是人生境界学说的基石。在这一命题中主要包括"无人有意作恶,无知即恶""知识的可教性"几个相互关联的内容。苏格拉底指出,从恶避善不是人的本性,在面对大恶与小恶时也无人愿意选择大恶。他说:"对善的期望是一切人所共有的,没有人期望恶。"

　　知必然导出行,即知识必然是德行的基础,那么美德和知识从哪里来呢?苏格拉底有一句名言,认为"美德由教育而来"。美德不是天生的,知识也不是与生俱来的。人要想拥有美德就必须接受知识、理解知识和掌握知识,而人对知识的理解和掌握又离不开教育。苏格拉底提出的"美德即知识"的思想,在伦理学史上具有一定的理论意义。他把道德与知识、知识与行为结合起来,这一方面把道德行为知识化、科学化,另一方面又把知识判断和价值判断相联系,这种从认识论上、科学上探索道德本质的做法,是积极的,具有启发意义。

第二节　柏拉图——知识到底有什么用?

　　我们今天所谓的"知识",其实是随着中西文化交流而传入中国的西方哲学范畴。中国古代哲学思想中有所谓的"知"范畴,就其蕴意而言,是认识、知觉及知识的意思。"因此,众多哲学家将"知"范畴的蕴意指向"智慧"。在西方对知识的认识最为突出的是古希腊哲学家柏拉图。

一、柏拉图关于知识的内容

　　为了说明知识的各个不同阶段,柏拉图把一条线段划分为两个部分:分别代表"可见世界"和"可知世界",它们各自又分为两个部分,这样就有按照其清晰程度或真实程度而划分出的四个从低级到高级的知识等级,可见世界的知识即"意见",包括"想象"和"信念";可知世界的知识即"真理",包括"理智"和"理性"。

　　柏拉图关于知识的学说的全部内容是丰富而多彩的,而且这些内容是分散在他的好几篇对话中的。一般认为,柏拉图在早期的对话《拉凯斯篇》《吕西斯篇》《卡尔米德篇》《欧绪弗洛篇》等,中期的对话《美诺篇》《斐多篇》《会饮篇》《国家篇》和后期的对话《泰阿泰德篇》《智者篇》和《蒂迈欧篇》等中,就认识的来源、认识的对象、认识的过程、主观能动性、感性认识和理性认识的关系、认识的手段和目的、检验真理的标准等问题,进行了系统的探讨。而且,"在柏拉图的对话中,认识论和本体论问题,既是紧密地结合在一起,又是处在分化过程中的,各自开始成为一个独立的、完整的哲学学科。"因此,我们研究探讨柏拉图关于知识来源以及途径的思想,仍要回到柏拉图著作的本身,通过对其文本的解读来把握他的理论学说。

二、柏拉图关于知识的观点

(一)知识来源于天赋

在古希腊,自从赫拉克里特开始提出认识问题以来,希腊哲学家一直把知识看作是由对象在心灵中产生的,是通过抽象从对象中导出的。但柏拉图在回答知识的来源问题时,依靠"灵魂不朽"和"灵魂轮回转世"的观念,提出了"灵魂回忆说"。在柏拉图看来,人的心灵并不是完全空白的,它先天就具有知识。在感知某个事物之前,我们的灵魂在出生前就已经知道了它。因此,他认为知识不是由对象在心灵中产生的,而是心灵自身的产物。我们所拥有的知识、理性认识是不死的灵魂所固有的,而学习、认识等无非是灵魂回忆起它前世固有的知识而已。虽然柏拉图认为知识来源于"灵魂回忆",来源于天赋,但他关于"回忆说"的学说并不是他独创的,而是与当时流行的宗教神秘主义有着紧密的联系。

(二)人获得知识的过程就是"回忆"

柏拉图认为知识是不死的灵魂所固有的,是先天存在于灵魂中的,但却处于无识状态,人不是一生下来就能意识到这种先天的知识。由于种种原因,人在出生前,把这种知识丢掉了、遗忘了,所以人们需要复得它们。这种复得过程,也是学习过程、回忆过程。对于人们通过"回忆"来复得知识的途径与过程,柏拉图在论述"理智助产术"与"知识就是回忆"时认为,人的灵魂先天就具有知识,但在出生后由于种种原因却把它丢掉了,只要我们遇到适当的对象,做出一定努力,就可以把这种知识回忆起来。在《美诺篇》中,他为了论证他的"知识就是回忆"这一学说,凭借他所谓的"理智助产术",促使一个未受教育的童奴在诱导下,回忆起柏拉图声称的、童奴自己的灵魂中固有的勾股定理的知识。这里童奴的回忆过程也就是获得知识的过程,是通过苏格拉底恰到好处的提问即"理智助产术"而得到的。

三、柏拉图知识观的启示

柏拉图知识观强调纯思辨地追求"真理",由他奠基的这一知识论传统,在西方社会进入现代以后,随着科学技术在现代生活中起着越来越关键的作用,认为科学知识最有价值,因而科学及科学教育也日益专业化、技术化和实用化了。

第一,不同文化是存在不同的类型的,并无优劣之别。通过柏拉图知识观的研究,我们发现,对"知识"这一范畴,从不同的视角出发,在不同思维方式下会得出全然不同的结果,即使这些结果相差很大,但它们都是人类认识活动的精神结晶,都应该属于"知识"的领域。

第二,西方的知识论是一种真理的证明体系。柏拉图的知识观指向普遍本质的"真理",是一种事实判断的体系,而不是一种价值评判体系。

第三,知识的终极意义在于人类对"自由"的获得,单纯"真理"的知识传授造就"单向度的人"。知识作为人类认识活动的产物与精神结晶,从终极意义而言,它在于使人类获得一种"自由"。人的自由活动就是化理想为现实,使自在之物化为为我之物。

知识链接

幸福学

对幸福研究的历史由来已久,起源于古希腊,但随着经济和社会的发展,人们对于幸福的认识也发生着变化。"什么是幸福?""哪些因素决定和影响幸福?"围绕着这两个主题,不同学者在自己研究的基础上,提出了关于幸福的不同界定。幸福研究可以追溯到古希腊的哲学家。亚里士多德在他的著作《尼各马可伦理学》(Nicomachean Ethics)中认为:"幸福是某种能滋养人类生活的东西,是一种积极的生活,包括所固有的价值,非常完整,即没有任何东西可以使它更加丰富和美好。"

幸福学是一门研究人类幸福的本质规律并总结为一定的理论方法,用以指导人类获得幸福的应用性科学。从这个意义上说,幸福学具有终极意义。站在科学的幸福学立场,可以对人类所有的行为及其研究这些行为的学科进行重新审定,判明其存在的价值,凡是有助于增进人类幸福的学科,就是应优先发展的、具有相当生命力的学科,例如伦理学、哲学、教育学、经济学等,凡是与幸福关系不大,甚至损害幸福,或者削弱人类自控能力,助长人类破坏生态系统的学科,就是属于须控制乃至取消的学科。幸福,实际上就是人类对自己内心理想化、完善化、有序化、和谐化状态的一种感受,它不等同于狂喜、兴奋、激动。这种感受也可逆向表述,即对自己内心无痛苦状态的一种感受。

了解幸福学能让管理者更关心人的心理因素,更愉快地达成管理的目标。美国教授Thaler提出了被人们广泛接受的四原则:一是如果你有几个好的消息要发布,应该把它们分开发布。比如今天公司奖励了你1000元钱,下班后你在百货商店又抽奖抽中了1000元钱。那么你应该把这两个好消息分两天告诉你的家人,这样她们会开心两次。研究表明,分别经历两次获得所带来的高兴程度之和,要大于把两个获得加起来所带来的高兴程度。二是如果你有几个坏消息要公布,应该把它们一起公布。比方说如果你今天丢了1000元钱,还不小心把爸爸价值1000元钱的手机弄坏了,那么你应该把这两个坏消息一起告诉他。幸福学家发现,两个损失结合起来所带来的痛苦要小于分别经历这两次损失所带来的痛苦之和。三是如果你有一个大大的好消息和一个小小的坏消息,应该把这两个消息一起告诉别人。这样的话,坏消息带来的痛苦会被好消息带来的快乐所冲淡,负面效应也就小得多。四是如果你有一个大大的坏消息和一个小小的好消息,应该分别公布这两个消息。这样的话,好消息带来的快乐不至于被坏消息带来的痛苦所淹没,人们还是可以享受好消息带来的快乐。

思维训练

1. 结合所学专业,你认为你选择这个专业的幸福感在哪里?
2. 幸福与财富等同吗? 为什么?
3. 结合你的经历,说一说你感到最幸福的事。

第三章 信仰的时代——西方中世纪哲学

哲学故事

鹿与鲍鱼的故事

从前,有个人在野外捕获到了一只鹿。这个人把这只鹿拴到树上后,就去做别的事情了。恰在这时,一群人路过这里。他们看到这只鹿,就顺手把鹿牵走了。不过,又觉得有些不忍心,就在旁边的水坑里放了一只鲍鱼,作为交换之物。当捉鹿者看到水坑里有一只鲍鱼,他以为是鹿变成了鲍鱼。他想:"肯定这里有神。"这样,"鹿变成鲍鱼"的故事不胫而走。不少迷信的人跋山涉水,来这里求神治病。方圆几百里内的人都来祈祷,称那只鱼为"鲍鱼神",祈求它降福消灾。几年后,放鲍鱼的那些人又经过这里,当看到这种情景时,他们不禁大笑起来:"哪有什么神啊?是我们在几年前,用这只鲍鱼换走了一只鹿呀!"真相大白,人们终于恍然大悟。

哲学观点

马克思说:"观念的东西不外是移入人的头脑并在人的头脑中改造过的物质的东西而已。"信鬼信神,都是客观唯心主义的表现。说到底,鬼神的观念仍然是人脑对物质世界的主观映像。

导 言

欧洲中世纪虽是一个信仰的时代,但不能把它简单地说成是否定理性的时代。中世纪哲学秉承了西方哲学的理性传统,以一种独特的形态延续着西方哲学发展的轨迹,其基本精神仍是理性的科学精神与信仰的宗教精神的交融。在当代科技和理性受到高度重视,信仰危机和价值迷失日益严重的境遇下,重新对中世纪哲学的基本精神进行审视和评价具有一定的启迪意义。

第一节　奥古斯丁——上帝就是真理

中世纪发生的一系列重大变化改变了基督教在罗马帝国社会中的地位,基督教历史上最伟大的思想家奥古斯丁登上了历史的舞台。奥古斯丁生活在阶级等级严重分化,国家充满了内忧外患的时代。人们在乱世中追求精神的宁静、追求智慧,于是奥古斯丁提出了"上帝就是真理"这一说法。

一、对"上帝就是真理"的认识

奥古斯丁在逻辑、数学等领域发现了"理性的真理",如"同一个灵魂不能在同一时间既是可死的又是不死的""三乘三等于九"等。伦理学领域的一些规范也具有同样的性质。奥古斯丁认为,哲学的任务不在于确认这些真理的客观有效性,而在于寻找它们的形而上学根源。这些真理之所以是真的,就在于它们有了绝对的真理,而绝对的真理就是上帝。

(一)上帝从无中创造世界

上帝创造世界,是基督教最基本的信条。但上帝如何创造世界,基督教的圣经却没有进行明晰的哲学思辨,这也就给种种不同的解释留下了余地。当犹太教特别是基督教走出巴勒斯坦的狭窄领域,开始与以明晰的逻辑思维为特征的古希腊罗马文化接触的时候,就由此而衍生出了一系列神学问题,其中最核心的问题就是,上帝用什么创造了世界?

奥古斯丁认为,上帝是从无中创造了世界。在他看来,衣服不是纺织工人生产出来的,而是来自万能的上帝;馒头不是主妇用劳动生产出来的,而是来自万能的上帝……他把一切人类用双手创造出来的产品都归于一个不存在的上帝,完全丧失了人类的创造力和能动性,用人类臆断出来的神来反过来奴役人类,从精神上束缚人类。司徒彼得认为"人被谁制服,就是谁的奴隶"。人类的精神世界完全敬仰于上帝,于是人变成上帝的奴隶。

(二)上帝的"三位一体"说

在奥古斯丁之前,奥里根曾把圣父、圣子、圣灵按照顺序排列成等级,在一定程度上隐含着三神论的危险。奥古斯丁力图运用哲学的思维清除希腊传统多神论不彻底的尾巴,他认为,人是按照上帝的形象创造的,对人的思索将有助于领会上帝的三位一体。就像人的生命由存在、认识、意志三者构成一个完整的、不可分离的本质一样,上帝的实体存在于圣父、圣子、圣灵这三个位格中,在每一位格中上帝都是完整的存在。然而归根结底,基督教的三位一体说又是人的自然理性无法说清的东西,因此奥古斯丁最终还是按照传统的方式把它归为奥秘,宣称"即使有人在其中捉摸到一些,能表达出来,也决不可自以为捉摸到超越一切的不变本体"。总之,上帝只能信仰而不可认识。

二、奥古斯丁哲学的影响

奥古斯丁以其丰富的思想和聪颖的思辨能力为基督教建立了一个百科全书式的完整

体系,对西欧中世纪哲学的发展产生了深远的影响。在 13 世纪以前的经院哲学中,奥古斯丁主义一直占统治地位。

13 世纪时,托马斯改奉亚里士多德主义并夺取了统治地位,但奥古斯丁主义的传统并未因此而中断。它不仅表现在弗兰西斯教派的哲学中,而且在托马斯本人的哲学中也可以发现它的痕迹。文艺复兴时期的一些人文主义者和宗教改革者把"回到奥古斯丁"看作是改革教会的一个途径。甚至在近现代的许多哲学流派中,也经常见到奥古斯丁哲学的影子。由此他被称为"西方的导师"。

第二节 阿奎那——哲学是神学的婢女

欧洲中世纪是一个特殊的时代,被称为黑暗时代。在这个时代,基督教神学处于绝对的统治地位,哲学只成为神学的附庸,也就是所谓的"婢女",作为"婢女"的哲学在中世纪经历了教父哲学和经院哲学两个阶段。

一、"哲学是神学的婢女"的提法

埃及教父、哲学家奥里根曾明确声称:"如果俗界智人的儿子们说,几何学、音乐、文法、论辩术、天文学是哲学的婢女,那么,关于哲学和神学的关系,我们可以说同样的话。"这可谓是"哲学是神学的婢女"的最早提法。

托马斯·阿奎那明确提出了"哲学是神学的婢女",他说:"神学可能凭借哲学来发挥,但不是非要它不可,而是借它把自己的义理讲得更清楚些。因为神学的原理不是从其他科学来的,而是凭启示直接从上帝来的。"

中世纪的教父哲学家和经院哲学家所探讨的一个共同问题是信仰和理性的关系问题。他们普遍的看法是信仰高于理性。即:信仰是第一位的,当信仰和理性相违背时,应该以信仰为准。同样,在神学和哲学的关系上,神学是第一位的,哲学只是工具,是用来说明、证明神学的,如果哲学与神学发生冲突,那么要以神学为准。这还是对待哲学和理性较为温和的神学家,在有的神学家那里,哲学甚至连"婢女"的位置都无法维持,他们认为理性和哲学在信仰和神学上是毫无用处的,是应该抛弃的,他们提出"因为荒谬,所以信仰",用理性和哲学去证明信仰和神学,不但无用,而且是可笑的。

二、"哲学是神学的婢女"的解析

托马斯·阿奎那明确提出哲学必须为神学服务。针对当时哲学思想中理性主义影响的扩大,他论证了信仰高于理性,神学高于哲学,哲学应充当神学的婢女为神学服务。

(一)除了哲学真理以外还需要有神学真理

托马斯·阿奎那具体论证了"除了哲学真理以外还需要有神学真理"。针对"有人反对在哲学以外还需要其他理论"的观点,托马斯认为,除了哲学理论以外,为了拯救人类,必须有一种上帝启示的学问。这是因为:第一,人都应该皈依上帝。皈依一个理智所不能理解的目的。所以，为了使人类得救，必须知道一些超出理智之外的上帝启示的真理；第二，即使人用理智来讨论上帝的真理，也必须用上帝的启示来指导。因为"凡用理智讨论上帝所得的真理，这只能有少数人可得到，而且费时很多，还不免带着许多错误。哲学的确定性来源于人的理性的本性之光，难免犯各种错误；而神学的确定性来源于上帝的光照，是决不会犯错误的。所以为了使人类的拯救来得更合适、更准确，必须用上帝启示的真理来指导"。

（二）神学乃是"第一哲学"

托马斯·阿奎那进一步论证了"神学高于哲学，哲学是神学的奴仆"的结论。托马斯·阿奎那认为，神学在题材上高于哲学。哲学只研究人的理性所能涉及的东西，而神学能够研究超越理性的至高无上的存在。神学分为思辨的神学和实践的神学，因而，"神学高于哲学"说的就是神学在思辨和实践两方面都超过了其他科学（包括哲学），神学乃是"第一哲学"。

就思辨而言，神学之所以超过其他思辨科学，一是因为神学具有较高的确实性。神学的确实性来源于上帝的光照，而其他科学的确实性则来源于人的理性的本性之光，而后者是会犯错误的；二是因为神学的题材更为高贵，"神学所探究的，主要是超于人类理性的优美至上的东西，而其他科学则只注意人的理性所能把握的东西"。

就实践来说，神学高于其他科学的原因在于：哲学的目的再高也不过是朝向国家政治，而神学的目的在于永恒的幸福，而这种永恒的幸福则是一切实践科学的最终目的。

第三节 威廉·奥卡姆——简单就是好

14世纪，英国逻辑学家威廉·奥卡姆主张唯名论，只承认确实存在的东西，认为那些空洞无物的普遍性概念都是无用的累赘，应当被无情地"剃除"，这就是常说的"奥卡姆剃刀"，即：简单有效原理。威廉·奥卡姆有一句很经典的话："如无必要，勿增实体"。这就是说："如果没有绝对的必要，不要往系统里添加新的东西"。

一、"奥卡姆剃刀"定律的精髓

（一）保持事物的简单性

用简单的话语来说明"奥卡姆剃刀"定律就是：保持事情的简单性，抓住根本，解决实质，我们不需要人为地把事情复杂化，这样我们才能更快、更有效率地将事情处理好。而且多出来的东西未必是有益的，相反更容易使我们为自己制造的麻烦而烦恼。爱因斯坦曾警告说："万事万物应该尽量简单，而不是更简单。"

（二）最常见的形式

1.当你有两个处于竞争地位的理论能得出同样的结论时，那么简单的那个更好。

2.如果你有两个原理，它们都能解释观测到的事实，那么你应该使用简单的那个，直到发现更多的证据。

3.对于现象最简单的解释往往比复杂的解释更正确。

4.如果你有两个类似的解决方案,选择最简单的。

5.需要最少假设的解释最有可能是正确的。

二、"奥卡姆剃刀"定律的应用

好的理论应当是简单、清晰、重点突出的,企业管理理论亦不例外。企业在制定决策时,应该尽量把复杂的事情简单化,剔除干扰,抓住主要矛盾,解决最根本的问题,只有这样才能让企业保持正确的方向。对于现代企业而言,信息爆炸式的增长,使得主导企业发展的因素盘根错节,做到化复杂为简单就更加不易。企业管理是系统工程,包括基础管理、组织管理、营销管理、技术管理、生产管理、企业战略等,"奥卡姆剃刀"所倡导的简单化管理,并不是把众多相关因素粗暴地剔除,而是要穿过复杂,只有这样才能走向简单。通过"奥卡姆剃刀"将企业最关键的脉络明晰化、简单化,增加企业的竞争力。

所以,"奥卡姆剃刀"定律在企业管理中可进一步演化为简单与复杂定律:把事情变复杂很简单,把事情变简单很复杂。

知识链接

辩论术

一、辩论术的含义

辩论术是辩论技术的简称,指辩论的方式、方法、技能、技巧。

二、辩论技巧

辩论犹如战争。先期的准备,如分析辩题、查找资料、设计问题等可称为战前准备。"知己知彼,百战不殆""三军未动,粮草先行""高筑墙、广积粮、缓称王"等古训无一不在此体现。

辩论双方在唇枪舌剑的较量中,往往呈现出尖锐的矛盾对立状态。而这种对抗性,也正是辩论引人入胜的重要特征之一。对抗技巧的特点就在于针对同一事物能给出针锋相对的结论。

(一)例证对抗

在论辩中,选取与对方所提及的相反的事例来与之对抗,从而构成尖锐对抗。

(二)名言对抗

当对方引用名言来为其观点作证时,直接对名言进行反驳是不理智的。这时最好的办法是引用与对方相反的名言与之构成尖锐对抗。在论辩中要运用好名言对抗的技巧,平时对名言就要有深厚的积累,辩论赛前更应准备好与对方观点相对应的名言卡片,以便运用。

(三)史实对抗

当对方从历史典籍中挑选与其观点有联系的史实来进行论辩时,我们也不妨从历史典籍中找出与对方观点相反的史料来与之构成对抗。

(四)煽情对抗

煽情,就是通过公众的某些特殊利益,迎合公众的心理来"挑拨是非",并凭借公众在情感上的好恶,把假象说成真相,或把某些问题推向极端,以此达到征服对方的目的。

思维训练

1.运用辩论技巧巧妙陈述"简单就是好"

2.如果"上帝创造世界"是一个命题,那么你会采用怎样的辩论技巧说服对方?

3.应怎样看"哲学与神学的关系"?

第四章 理性之光辉——近代西方哲学

哲学故事

用心去观察世界

在从纽约到波士顿的火车上,我发现邻座的老先生是位盲人。老先生告诉我,他是美国南方人,从小就认为黑人低人一等,他家的用人是黑人,他在南方时从未和黑人一起吃过饭,也从未和黑人一起上过学。我笑着问他:"那你当然不会和黑人结婚了。"他大笑起来:"我不和他们来往,如何会和黑人结婚?如果那样,会使自己的父母蒙羞!"但他在波士顿念研究生的时候,发生了车祸。虽然大难不死,可是眼睛完全失明。他进入一家盲人重建院,在那里学习如何用点字技巧,如何靠手杖走路等。他说:"我最苦恼的是,我弄不清楚对方是不是黑人。我向我的心理辅导员谈这个问题,他也尽量开导我,我非常信赖他,什么都告诉他,将他看成良师益友。"有一天,那位辅导员告诉我,他本人就是黑人。从此以后,我的偏见就完全消失了。我看不出对方是白人,还是黑人,对我来讲,我只知道他是好人,不是坏人,至于肤色,对我已毫无意义了。车快到波士顿时,老先生说:"我失去了视力,也失去了偏见,是一件多么幸福的事。"在月台上,老先生的太太已在等他,两人亲切地拥抱。我猛然发现他太太竟是一位满头银发的黑人。我这才发现,我视力良好,但我的偏见还在,这是多么不幸的事。

哲学观点

海涅说:"照耀人的唯一的灯是理性,引导生命于迷途的唯一手杖是良心。"眼睛在很多时候误导,甚至欺骗了我们,盲者倒是幸运,因为他必须用心眼去打量这个世界,并且"看"得更为真切。所以,看待事物不仅要用眼,还要用心。仅用眼睛去观察世界,多半是不全的;而用心则能体悟实际的灵魂。

导 言

在近代哲学之初,新生资产阶级迫切需要发展科学,而还"处在收集材料阶段"的自然科学又迫切需要哲学在方法论和认识论上给以指导,这样,认识论问题便成为近代哲学的最重要的内容,认识由经验层面逐渐上升到理论层面。

第一节 培根——知识就是力量

作为近代经验论哲学的奠基人,培根认为对客观事物的感觉是一切知识的源泉。以感觉经验为认识的起点,通过循序渐进的方式来实现对自然"形式"(即规律)的认识,除此没有任何其他渠道可以给我们提供事实材料,他说"一切自然的知识都应求助于感觉",从而开拓了一条从物到感觉的唯物主义经验论的道路。

一、一切知识来源于经验

人们的认识从哪里来呢?关于这个问题培根指出,科学知识来源于对自然事物的感觉经验,感觉表象是认识过程的起点。例如:一位长者带领一批村民日夜兼程,要把自产的盐运送到某地换成大麦过冬。这天晚上星光灿烂,他们露宿于荒野,长者依然用世代相传的方法,取出3粒盐块投入篝火中,以预测天气的变化。大家都在等待长者的"天气预报":若听到火中盐块发出"噼里啪啦"的声响,那就是好天气的预兆;若是毫无反应,则象征着风雨随时来临。此时长者表情严肃,因为盐块在火中毫无声息,他主张天一亮马上赶路,但一位年轻人则认为"以盐窥天"是迷信,反对如此匆忙地启程。第二天下午,果然天气骤变,风雨交加。其实,长者这样做,是有科学依据的:盐块在火中是否发出声音与空气中的湿度有关,当风雨来临时,湿度大会导致盐块受潮,投入火中自然暗哑无声;反之,盐块则会发出声响。

年轻人瞧不起老人的经验,片面地认为它们都是过时和无用的。其实,如果没有前人的经验,我们会像生活在原始社会,过着动物般的生活。

于人生而言,经验往往是一笔弥足珍贵的财富,是用金钱买不到的东西;但是,笃信经验,完全凭经验办事,有时非但不能成功,反而会把事情办得更糟,甚至造成无法挽回的损失。在许多事情上,我们失败的原因常常有两种:一种是因为经验不足,另一种则是被经验束缚。拥有经验而又懂得如何利用经验的人,才是真正的智者。

二、"知识就是力量"解析

在知识来源于经验并通过实验证实的基础上,培根进一步指出:知识作为人类理性思维活动的成果,是对社会实践经验的总结和概括;但它并不是消极的东西,它一旦产生就影响着人们的行动,反作用于实践对象。"知识就是力量"口号的提出,反映了新兴资产阶级企图运用知识的力量和理性的权威这种手段来对抗宗教神学,以达到推动生产、发展资本主义、壮大自己力量的目的。在培根看来,科学知识的力量和作用,主要有两个方面:

(一)知识——改造自然的力量

培根认为科学知识是人们改造自然的强大力量,是实现人类普遍利益的有力武器。知识都是从实践中来的。自然科学知识是人们认识自然、改造自然实践经验的总结和概括,它又反作用于自然,成为人们支配自然、控制自然的力量。然而,人们要确立对自然的统治，"要命令自然就必须服从自然。在思考中作为原因的，就是在行动中当作规则的"，人们掌握自然的规律，即掌握了自然的知识，就能运用这些知识去改造自然、统治自然。培根指出："自然科学只有一个目的，这就是更加巩固地建立和扩大人对自然界的统治。人对自然界的这种统治只有依靠技术和科学才能实现。只有倾听自然界的呼声的人，才能统治自然界。""世界上最伟大的力量，最高的、最可敬的统治，就是科学的统治"。这是培根观点的进步性之所在。

(二)知识——改造社会的力量

培根认为科学知识也是改造社会的重要力量，是批判宗教神学和经院哲学的锐利武器。培根提出"知识就是力量"的战斗口号，其斗争的锋芒是直接指向中世纪抬高信仰、贬低理性、鼓吹愚昧的宗教神学和经院哲学的。当时整个社会的精神生活都是由为封建专制制度服务的基督教统治着的，宗教神学具有至高无上的权威，一切都要按神学通行的原则办理，科学成为神学的"婢女"。因此，批判这种神学意识形态，就成为资产阶级思想家理论活动的头等任务。培根高举理性的旗帜，首先揭露了经院哲学的神学实质，他指出经院哲学信奉上帝万能，为神学教条做烦琐论证，是理论化、系统化的神学，他批判经院哲学脱离实际，只能空谈，只会争辩，而无实际效果，它像献身于上帝的修女一样不能生育，因而是没有力量的，对人类毫无益处；培根的这些批判对宗教神学和经院哲学是有力的打击，对解放人们的思想，推动科学文化的发展，进而改变社会精神生活的状况，都有重要作用。

大学阶段是我们一生当中最重要的知识积累阶段，我们要充分利用学校提供的学习条件，多多积累知识，人生路上，我们能做的就是通过我们的知识改变自己的命运。

第二节 笛卡尔——我思故我在

有一个比较古老的笑话说，一个差役押送犯人，结果犯人趁他熟睡的机会把囚服套在他的身上逃走了。差役醒来以后清点了半天，发现武器、包袱、囚犯都在，唯独找不到自己，于是十分纳闷："怎么我不见了？"

连糊涂的差役在思考的时候都要问一下"我"在哪里，我们对自己的关注度如何，就可想而知了。而有一个哲学命题正好是说这个问题的，那就是——我思故我在。提出这个命题的人叫勒耐·笛卡尔。

一、"我思故我在"——确立人的主体地位

(一)"我思故我在"的提出

笛卡尔认为，思想可以怀疑，外在对象也可以怀疑内在对象，但却不能怀疑自身。思想自身是思想活动，当思想在怀疑的时候，它可以怀疑一切，但不能怀疑"我在怀疑"，否则怀疑就无法进行下去，并且怀疑需要一个主体，"我"就是怀疑活动的主体，这样，由于想到

我在怀疑,那么可以确定地知道作为怀疑主体的"我"是存在的。在上述推论的基础上,笛卡尔得出了著名的基本公式——"我思故我在"。笛卡尔把这一哲学思想作为哲学的第一原则。

(二)人的主体地位的确立

我思,指思想活动,我思包括一切意识活动,不管是理性的还是感性的,更重要的是,我思是没有内容的纯粹活动,如果它是具有具体内容和对象的思想,那么就是可怀疑的了。我思是以意识活动为对象的自我意识,即后来哲学家说的反思的意识。笛卡尔表达了这样的道理:一切思想活动的核心是对这些活动的自我反思。思想的主体和反思的主体是同一个主体,主体就是实体。我思和我在之我是同一个实体,"故"表示的是本质和实体之间的必然联系。我思是该实体的本质,我在是该实体的存在。笛卡尔认为,人们只能通过属性来认识实体,每一个实体都有一个特殊的属性,即本质。从自我的思想活动,我们可以得到自我必然存在的结论。我思是这样一个实体,这个实体的全部本质就是思想。

在笛卡尔看来,"我思故我在"是哲学中最基本的出发点。他认为,"我"必定是一个独立于肉体的、思维的东西。而这个思考着的"我",用思考将自己与动物区别开来。因为,只有人才有灵魂,人是一种二元的存在物,既会思考,也会占空间。而动物只属于物质世界。

二、"我思故我在"对哲学界的影响

笛卡尔的"我思故我在"这个命题对哲学界产生了深远的影响。这个命题所倡导的"我在思考这件事情是不可怀疑的",在一定意义上也突出了人的重要性。应该说,这个命题所隐含的将人与动物区别开来的观点,对于人认识自己,特别是人的精神对于人的价值,还是富有启发的。"我思故我在"的命题,否定了超验的理念本体论,开创了理性本体论,理念是指超越每个人之上的一种普遍客观的思想——它的权威性一经"确认"就不容怀疑,标志着欧洲文明的重要转折,成就了近代欧洲的自由思想,它的原则贯穿在近现代西方所有"应当在世界上起作用、得到确认的事物中"。

第三节 莱布尼茨——做最好的自己

莱布尼茨是17世纪最后一位唯理论哲学家。作为一个唯理论者,他试图把唯理论和经验论调和起来,找到一条介于培根与笛卡尔的理论之间的道路。

一、莱布尼茨与"单子论"

莱布尼茨的创见是单子论,单子是单纯实体,是构成万物的基本单位,没有形状、广延性和可分割性。单子在"质"的方面彼此区别,即各有某种程度的知觉和欲望。每一个单子天生就具有某种知觉程度以反映宇宙,能以自己的方式反映整个体系。它是形而上学的"点",在逻辑上先于物体而存在,并且可以模拟灵魂,具有内在的区别原理。换言之,单子具有内在的目的性,显示了内在活动与自我发展的倾向。

莱布尼茨认为每一个单子皆不同,各自形成一个世界。单子无限多,但单子无窗户,彼此不交往;同时又有一种"预定的和谐",使所有的单子可以和谐共处。任何一物的改变,都会使万物与现存情况出现变化。

莱布尼茨在其重要著作《单子论》和《以理性为基础,自然和神恩的原则》中表述了单子的一般性质,在莱布尼茨看来单子具有以下特征:

（一）精神性

单子应该是单纯的精神实体。世界上的一切事物都是由这种精神性的单子构成的,这种单子既然是单纯的精神实体,不可能像物质事物那样具有部分,也就不可能有广延或形状,因而是不可分的,莱布尼茨有时候也把单子称为"灵魂",由单子的精神性这一基本性质,莱布尼茨推演出了单子的其他特性。

（二）无限性

莱布尼茨认为斯宾诺莎"自然既是实体"是一个无效的命题,这个命题对于解释这个世界是没有意义的,等于什么都没有说,所以他认为单子不是一个,或者是有限个数的,而是无限多。万事万物都是由单子构成的,所以这种单子在数量上就应该是无限的,这样才能满足构成万物的需要。

（三）永恒性

"无法想象一个单一实体会以任何一种自然方式沦亡。出于同一理由,也不可设想一个单一实体可能以任何一种自然方式开始,因为它不可能通过复合形成"。就是说,因为单子和物质不同,单子是一种精神性的东西,它没有部分,因此这种单子不会像自然事物那样通过各个部分的组合而产生,通过各个部分的分解而消灭。单子的产生和消灭只能出于上帝的创造和毁灭,由单子构成的事物也没有真正的死亡和消灭。在这一点上,莱布尼茨认为无中不能生有,可以说他这个观点仍然是西方传统的继续。

（四）独立性

因为单子没有广延、部分,就不可能有什么东西进入其内部而造成变化,所以单子之间不存在任何真正的相互作用,莱布尼茨形象地说:"单子没有使某种东西能够借以进出的窗口……不论实体还是偶然的东西都不可能从外部进入一个单子之内。"

（五）质的不同

单子是精神性实体,单子不可能像物质那样具有广延,所以就不可能有量的区别,而只有质的区别,不同的质使各个单子彼此区别开来。由于单子是单纯的精神实体,其本性在于表象或知觉,所以单子知觉的清晰程度不同就造成了它们在质上的区别。

莱布尼茨之所以把单子的不同归之于质的不同,其原因在于那个时代只注重量的规定性即只是按照形状、大小、位置来区分物体,即世界都是由物质构成的,当时无论是笛卡尔、霍布斯、伽桑狄都持这种态度,可以说是当时最流行的观点。但这种观点不能解释世界的最基本方面,因此,莱布尼茨从质的方面对实体观进行了新的建构。

二、对"单子论"的评价

莱布尼茨的单子论是一个比较完整的客观唯心主义哲学体系,其最明显的特征是复活古代哲学中的辩证法因素和能动性原则来克服机械论的缺陷。首先,他将能动性引入了实体概念,认为独立自存的单子其本性以及运动变化皆源于自身内在的原因。其次,与当时自然观中盛行量的观点相反,莱布尼茨强调质的规定性。再次,无论是"连续性原则"还是"预定的和谐"都体现了普遍联系的辩证思想。最后,关于"一"与"多"的辩证关系。每个单子都是"一"与"多"的统一:同样,整个宇宙也是"一"与"多"的统一,它是一个由无数多个个体组成的连续的整体。

三、"单子论"的现实意义

形形色色、异彩缤纷的个人单子其实是社会的真正原色,他们的相互碰撞与组合创造了社会财富和繁荣。限制这些"单子"的活动,扼杀这些"单子"的本色,社会就会成为死气沉沉的荒漠枯岭,这正是"单子论"注重个体的价值,但他们在整体上又构成了一个相互和谐的集体的观点,也是从莱布尼茨理论中挖掘的自由主义火种。所以,在现实生活中,我们鼓励个人充分发挥自身的作用和价值。

莱布尼茨的"单子论"观点倡导这个世界是所有可能世界中最美好的世界,每个"单子"也是独具特点的,同样,每一个人也是拥有自己的优点、美、智慧的,所以,每一个人都要力求做最好的自己!

知识链接

经验论与唯理论

经验论又称经验主义。它认为经验是人的一切知识或观念的唯一来源,经验一词的含义比较宽泛,包括根据经验做出的规律性的总结、某种心理体验、生活阅历等。但是,作为认识论的概念,经验一词则只是指与理性认识相区别的一个认识阶段、认识形式,即感性认识。

对于知识的来源问题,经验论者的看法也不尽相同,大体可分为两类:①认为一切知识都是从经验中来的,都可以追溯其起源;不仅没有任何天赋的或先天的观念,而且也没有任何天赋的或先天的命题。这种观点可以说是一种彻底的经验论。②认为一切知识的成分即各种观念、概念起源于经验,但是,并非所有的观念、概念组成的知识的命题都是从经验来的。应当承认有两类命题或两类知识,即经验的命题和先天的命题、经验的知识和先天的知识。这种观点在经验论内部导入了非经验论的因素,向唯理论做了让步,是一种不彻底的或调和的经验论。

与经验论相对立,唯理论是片面强调理性作用的一种认识论学说,又译为理性主义。唯理论这个译名一般用于狭义,它与经验论或经验主义相对立,主要表现在认识的起源和可靠性问题上。一般说来,唯理论者不承认经验论者所主张的一切知识都起源于感觉经验的原则;他们认为具有普遍必然性的可靠知识不是也不可能来自经验,而是从先天的、无可否认的"自明之理"出发,经过严密的逻辑推理得到的。

唯理论强调理性认识的重要作用,认为认识不能停留在感性阶段,必须上升为掌握事物本质、规律的理性认识,具有真理性,但否认认识源于经验的倾向则导向唯心主义。

思维训练

1. 结合专业,谈谈对经验论和唯理论的认识。

2. 在我们日常生活中该怎样应用经验?

3. 唯理论观点认为,一切观念都是天赋的,观念与真理作为倾向、禀赋、习性或自然的潜能天赋在人们心中。谈谈你对此观点的认识。

第五章 思想的解放——法国启蒙运动

庄子钓于濮水

庄子在濮水边垂钓,楚威王派两位大夫前往请他做官,他们对庄子说:"大王希望用国内政事使你劳累!"庄子拿着鱼竿没有回头看他们,说:"我听说楚国有一只神龟,死的时候已经三千岁了,大王用锦缎将它包好放在竹匣中珍藏在宗庙的殿堂上。这只神龟,它是宁愿死去为了留下骨骸而显示尊贵呢?还是宁愿活着拖着尾巴在泥土中爬行呢?"两位大夫说:"宁愿活着拖着尾巴在泥土中爬行。"庄子说:"走吧!我愿意像普通的乌龟在烂泥里摇尾巴那样安安稳稳、自由自在地活着。"

哲学观点

但丁说:"上帝在创造人的时候,最丰厚的赠品、最伟大的杰作、最为他所珍贵的,就是意志自由。只有智慧的造物享有这个。"所以说,人作为世间最具智慧的造物——人类的身体自由,不是真正的自由,只有思想的自由才是最高的独立。

导 言

自古人们都在追求"自由",可什么才是真正的自由呢?是绝对自由,还是相对自由?早在18世纪的君主政体的封建国家——法国,以孟德斯鸠、伏尔泰、卢梭为代表的哲学家对自由展开了激烈的争论,由此展开了一场在人类历史上占有辉煌一页的思想革命——启蒙运动。

第一节 孟德斯鸠——什么才是真正的自由?

18世纪的法国启蒙运动,既是反对现存政治制度的斗争,同时也是与现存宗教和神学的斗争,以孟德斯鸠等人为代表的启蒙运动倡导者,以对"自由"的论说最为深入民心。孟德斯鸠对"自由"的论述,是近代西方整个革命时代和启蒙时代最全面、最系统、最具体的,他使自由第一次从理论鼓吹走向政治操作的层面,自由在孟德斯鸠那里获得了实践层面的建构。

一、孟德斯鸠的自由观

(一)什么是自由

孟德斯鸠把自由看作是一个人的"无价之宝",认为它是"不能出卖的"。他认为自由有两种:一是哲学上的自由;二是政治上的自由。

1. 哲学上的自由

要能够行使自己的意志,或者,至少自己相信是在行使自己的意志,即意志自由。

2. 政治上的自由

在有法律的社会里,做一切人们能够做、应该做的事,而不是被迫做不应该做的事,即为政治上的自由。要了解公民的政治自由,必须把同国家政体相联系的政治自由的法律和同公民相联系的政治自由的法律区别开来。

孟德斯鸠使政治自由从价值追问走向了现实诉求,政治自由第一次奠定在制度安排和法治的基础之上。在政治自由与国家政体相联系的场合,某种政体能够稳定地、持久地不受意外情况干扰而行使自己的意志,就是政制自由;公民的自由是指生活在某种政体下的每个人除了服从法律之外,能够不受另外的个人干扰而行使自己的意志。这两方面内容的统一就是政治自由。

(二)如何实现自由

由于贵族政制是缺乏稳定性的政体,因此"政制的自由"和"公民的自由"都无保障。在孟德斯鸠看来,只有君主立宪政体才能实现政治自由。健全的法制是政治自由的基础。自由以守法为前提,没有法律保障,就谈不上自由。

孟德斯鸠是崇尚自由的思想家。他的名言:"自由是做法律所许可的一切事情的权利;如果一个公民能够做法律所禁止的事情,他就不再有自由了。因为其他的人也同样会有这个权利。"孟德斯鸠提倡资产阶级的自由和平等,但同时又强调自由的实现要受法律的制约,政治自由并不是愿意做什么就做什么。

二、哲学启示

一个美好的社会,必须有一个能够让人们充分享有自由的制度安排。在法治社会里,自由意味着人们可以按照自己的意愿去做他应该做的事情,而不会被强迫去做他不应该做的事情。自由当然不是为所欲为,任何自由都有限制,但这种限制不能够来自其他人,最高统治者也没有这种权利。对自由的限制只能来自法律,目的也只能是保证每个公民的权利不会受到他人的侵害,每个人都能够充分享有自由。

第二节　伏尔泰——我不赞同你的观点,
但我誓死捍卫你说话的权利

同其他启蒙思想家一样,伏尔泰认为自由和平等是人的一项神圣而不可侵犯的权利。

伏尔泰和卢梭观点不合,伏尔泰曾经猛烈抨击过卢梭的一部书,但是,当伏尔泰得知当局要封卢梭的这部书时,他挺身而出为之辩护。他对卢梭说:"我不赞同你的观点,但我誓死捍卫你说话的权利!"

一、伏尔泰的自由观

伏尔泰认为自由是上帝赐予的,每个人都平等地享有天生的自由。自由在伏尔泰的概念中指的是"试着去做你的意志绝对必然要求的事情的那种权力"。他的自由指的是意志的自由,包括人身自由、言论自由、出版自由、信仰自由,特别是拥有财产的自由。对于伏尔泰来说,自由意味着反对专制暴政和教会的专横,唤醒广大群众的反封建的意识。伏尔泰竭力主张言论自由,但是他又认为,如果人民群众也开始议论政治,那么一切都乱了。

同时伏尔泰也以捍卫公民自由,特别是信仰自由和司法公正而闻名。尽管在他所处的时代审查制度十分严厉,但伏尔泰仍然公开支持社会改革。他的论说以讽刺见长,常常抨击基督教会的教条和当时的法国教育制度。雨果曾评价说:"伏尔泰的名字所代表的不是一个人,而是整整一个时代。"

二、为自由而战

(一)"我不赞同你的观点,但我誓死捍卫你说话的权利"释义

首先,这句话表现了"言论自由"的观点。意义为:不管你说得对不对,但是你有说话的权利。

其次,这句话捍卫的是"一个人自由说话的权利","不赞同"指的是不能赞同说话者的观点。

最后,这句话真正的表现是"自由、平等、博爱"的思想。体现了 18 世纪启蒙运动时期思想的重大进步与解放。

(二)如何看待"自由"

伏尔泰的自由不能从消极意义上理解为不受束缚,为所欲为,消极意义的自由后果就是破坏社会秩序,而应该从积极意义上理解为对某种权利的捍卫。正如他说的"我不赞同你的观点,但我誓死捍卫你说话的权利",这样的自由不但不会破坏社会秩序,而且社会秩序和法律应该在自由的基础上建立起来,从而维护人的各种基本权利。对每个人而言,他都有发表自己观点、坚持自己观点和不同意别人观点的自由,同时每个人还需要捍卫别人发表自己观点的自由,只有捍卫了别人的自由,自己的自由才能够得到保证。如果这样理解自由的话,自由也就等于是平等和正义了,每个人平等、自由地享有各种权利。

三、哲学启示

每个人都有说话的权利,不过我们除了要学会享受权利,还要善用这个权利。说话要看环境,有时客观环境的限制会让说话者显得没有修养。既然说话是权利,出于礼貌,在别人说话的时候不随便打断也是对对方的尊重;在开口之前,能让别人把话说完(哪怕你不赞同他的意见),也是风度的体现。

你可以不同意别人的理念,但你不能轻视别人的思想。每一种思想都是人类文明的成果,也只有"人"这样世间最高贵的物种才会有思想,每一种自成体系的社会思想都是人类的"无价之宝"。所以,这句话作为一个 18 世纪封建不自由时期的启蒙思想家的思考,伏尔泰的思想无疑是超越时代的。

第三节　卢梭——人,生而自由,却不自由地活着

卢梭在《社会契约论》第一卷第一章开篇就醒目地提醒人们:"人是生而自由的,但却无处不在枷锁之中。自以为是其他一切主人的人,反而比其他一切更是奴隶。"这副枷锁是如何套在"生而自由的人"的身上的呢?

一、卢梭的自由观

在卢梭眼中,自由本质上是自主性的自由、平等式的自由、历史性的自由。紧扣三重内涵的自由,卢梭围绕人何以不自由进行了深刻的人性反思和现实揭示,围绕人如何再自由展开了独具一格的理论建构和制度设计,围绕自由当归依何处展示了完美的社会理想和人格理想。卢梭的自由观充满了对人的深切关注,并蕴涵了深刻的价值命意。

二、人生而自由,却不能自由地活着

这句名言,也是卢梭的名著《社会契约论》的理论基础。人生而自由,这一命题是卢梭对于王权专制论者"人是生而不自由"的命题而发的。卢梭认为,奴隶状态是最不自由的一种状态,但其存在本来就是在强力之下的强者的胁迫和弱者的屈服。因此,卢梭所说的自由并非行为上的不受限制,而是一种意志的自由。

而人为什么"却不能自由地活着"呢?因为你一出生,就已经属于人类这个整体了,必须接受属于文明的一切东西——也可能是思想的限制。

卢梭一方面肯定人的自由与生俱来,自由是善的状态,因此不容置疑;另一方面又对其所处社会时代人的生存状况做出了这样一个概括性论断——人生活在不自由状态之中,饱受种种奴役。因此,在卢梭这里,自由是一种自主的状态,它的一个体现即平等。卢梭确立一个"自然状态"的逻辑起点探讨了人生而自由的应然状态。以此为起点,他主张颠覆现有秩序,通过社会契约构造一个人人平等、自由的政治国家。

同时,人的自由更是道德的自由,是意志的自由选择,是人能按自己的意志进行判断、行动,即意志的自律。

与此相对应,有三种自由状态:即自然的自由、政治自由和道德自由。自由并非为所欲为,而是必须服从一定的原则。自然的自由是人生而有之的,遵从自爱和怜悯的自然情感;政治自由是平等的保障,服从公意,其实质是主权在民;道德自由在于意志的自律,它听从良心的呼唤,使人获得最纯粹的自由,成为自己的主人。

三、哲学启示

卢梭形象地说,人生来是自由的,不错,我们刚来到这个世界上,心灵就是一张白纸,没有任何先入为主的成见。这一点和动物不同,动物靠遗传生存,而人类靠文化和经验生存。

只有人的理性才能建立起整体和个体关系或个人和他人关系中的自由,就是说理性指导或控制着盲目的意志以维护他人和整体的存在,而以选择的权利保持着个人的意志自由——这是"消极的自由"。

自卢梭开始,西方哲学进入了一个新的阶段,后来从笛卡尔到黑格尔结合卢梭的观点,延伸为"道德以自由为前提,而自由则意味着责任"。现代哲学家们冷酷地撕去了几千年来遮蔽着个人自由的普遍性假象,于是,自由不再是美好的理想,而是成了无法逃避的重负。

知识链接

关于自由的故事

故事一:风筝的自由

主人花了整整一天时间,做了一个大鸟风筝,一试成功。

风筝在蓝天上翱翔,忽上忽下,时左时右,但平稳异常。地上的行人见到这般漂亮的风筝,个个赞不绝口。

风筝随着风听到了这些赞美,再看到自身边一闪而过的真的大鸟小鸟,瞬间消失在天边,风筝纳闷了,我为什么被一根线给绊着,我为什么不能无阻无碍、无忧无虑地奔向远方?

于是,风筝在第二天再上蓝天后,就打算自除羁绊,自获自由。可挣扎了半天,无济于事;于是他对牵引他的主人说:"主人,好心的主人,让我获得自由吧,这线牵得我好苦呀!你放了我吧,我会感激你的大恩大德的!"主人听出了端倪,语重心长地说:"有这根线,你才自由。"

风筝不信,谁都会不信,也难怪风筝据"理"力争。主人无奈:"好吧,试一次吧,预备……"主人把风筝的线放松了一段,那天上的风筝不由得时而翻起了筋斗,时而又飘忽不定。他想稳定下来,又哪能办得到! 不觉拼命叫起来:"主人,救我……"

主人把线又紧收了一段,风筝恢复了正常。风筝面如土灰,头眩气短。

"有这根线,你才能自由。"主人又重复了一遍。

故事二:李白的努力

众所周知,唐代的李白是我国文学史上最伟大的诗人。他的许多诗作,被人们传诵至今,成为千古绝唱。但李白并非一生下来就会妙笔生花、文整名工的。这有一个故事:

李白小时候是一个非常贪玩的孩子,上学时,有一天他逃学到河边,正巧碰到一个老婆婆拿着一根粗铁棒在石头上磨来磨去。小李白十分好奇地问:"老婆婆,您磨这个铁棒干什么呀?"

老婆婆满怀自信地回答:"我要把它磨成一根针用来缝补衣服啊。"

小李白惊奇地说:"那可能吗? 铁棒这么粗,要磨到几时才行啊?"

老婆婆慈祥地说:"孩子,只要用心去磨,总有一天会把它磨成针的。"

李白听了老婆婆的话以后,若有所悟。从此刻苦努力,终成一代诗国奇才。

思维训练

1. 结合专业实际,谈一谈职业岗位要求(约束)与自由的关系。

2. 能否用法国启蒙运动中哲学家的观点,分析上面两个故事。

3. 通过故事,结合自身的学习生活经历,谈一谈对"自由"的认识。

第六章 古典哲学的皇冠——德国古典哲学

哲学故事

汤姆的故事

汤姆觉得这个世界纷争太多了,并认为这个世界上的人太俗气了,他也讨厌他的家庭和仆人。有一天,汤姆对一个好朋友说:"我想离家出走,一个人自由自在、安安逸逸地生活。""这个主意很好。但是,你要考虑的是,你吃什么呢?谁为你驾车呢?谁陪你聊天呢?"朋友担心地问汤姆。"这好办,我带上足够的干粮就行了。伙夫为我做饭,车夫驾车。"汤姆脱口而出。朋友说:"你想出去后,一个人过清闲的无拘无束的生活。可是,你出去以后,又要带那么多人伺候你,为你干这干那。这不又会给你带来新的烦恼吗?"汤姆心里不禁一震:"是呀,这样仍然摆脱不了这个讨厌的社会啊!"

哲学观点

马克思说:"人类社会就是由种种错综复杂的社会关系组成的网络系统。一个人生活在社会上就是生活在各种各样的社会关系中,生活在一定历史条件下的各种社会关系中。所以在现实性上,人的本质就是社会关系的总和"。

导 言

德国古典哲学指马克思主义产生之前的德国哲学,开始于康德,包括费希特、黑格尔和费尔巴哈的哲学,它是对整个欧洲哲学的总结。德国古典哲学经历了一个从唯心主义向唯物主义、从有神论的精神哲学向无神论的人本主义哲学过渡的阶段,是马克思主义哲学直接的理论来源。在这一阶段,德国古典哲学的最大成果是辩证法的形成和发展。

第一节 康德——头上的星空和心中的道德

康德,18世纪最伟大的思想家、哲学家、自由主义的奠基人,《纯粹理性批判》《实践理性批判》和《判断力批判》是他奉献给世界哲学史的三座丰碑。在他去世后,人们为他刻下了这样的墓志铭："有两事充盈性灵，思之愈频，念之愈密，则愈觉惊叹日新，敬畏月益：头顶之天上繁星，心中之道德律令。"两句墓志铭源自《实践理性批判》，它体现了康德坚持一生的思想："良心就是我们自己意识到内心法庭的存在。"

一、"头上的星空和心中的道德"的内涵

"头上的星空和心中的道德"代表着康德哲学的两大原则，一个是自然（必然），一个是自由；一个是科学，一个是道德。"头上的星空"代表的是宇宙自然，体现着森严的自然法则。"心中的道德"代表的则是自由（自律），体现着人之为人的价值和尊严。

（一）"头上的星空"——自然法则

人作为一个独立的存在，在外部的感觉世界中占据着一个位置，并把其中的联系扩大到重重世界、层层星系的无限空间之中，扩大到体现着它们的循环运动、生成与延续的无限时间之中。

因此，在有形的感觉世界中，我们只是一种有限的自然存在物，只是自然中无尽的因果链条中的一环。在广阔无垠、浩渺无边的宇宙中，我们生长的家园——地球，不过是沧海一粟，是无足轻重的一粒沙尘，我们则是生活在这粒沙尘上的一种微不足道的生物，与一块石头、一棵树没有什么两样，不知道自己因为什么被赋予了极其短暂的生命，亦不知道自己究竟何时何地将化为灰尘，又重新加入自然之永恒的元素循环之中去了……就此而论，我们越是认识宇宙的伟大，就越是感到自己的渺小，就越是感到人没有价值，没有尊严。

（二）"心中的道德"——道德法则

人不仅是自然界中的一个成员，而且也是有理性的存在，作为理智世界的成员就无限地提高了人作为一个人格、一种理智的价值。在这一人格中，道德法则的自律性给我们呈现出一种独立于动物性，甚至独立于全部感觉世界的生存方式，它表明人作为有理性者具有自己为自己立法，完全由其自身决定自己存在的真正的自由。当他遵守道德法则而行动时，他就摆脱了仅仅作为一个物件的他律地位，而具有了超越感性界限、超越于一切自然存在之上的独特的尊严，人为自己立法。

二、"头上的星空与心中的道德"的启示

（一）人要认识世界

"头上的星空"代表的是现实，"心中的道德"代表的则是理想。我们需要认识头上的星空，它可以使我们在认识世界、改造世界的过程中活得越来越好，然而同时我们也需要心中的道德，我们毕竟不是单纯的自然存在物，我们也不满足于做一个单纯的自然存在物，这就需要解决为什么活着的问题，亦即人生在世的目的、价值、理想等问题。这些问题都是难题，都不可能有最终的答案，但是我们却不能不去追问它们，因为那是我们赖以生存的精神归依。

（二）人要有高尚的追求

无论作为自然存在物的人多么渺小，都敢以其精神的力量向不可抗拒的自然法则挑

战,尽管在现实生活中我们不可能因为良好的意愿而改变自然法则,但是它却有可能将我们带入无限的自由境界,那虽然是人有生之年无法企及的理想,但是却可以作为理想成为我们追求的目标,正是在这一追求之中,我们纯洁了自己的人格,体现了人之为人的尊严,将自己有限的生命融入了无限的理想境界之中。

第二节　黑格尔——凡是合理的都是存在的

黑格尔是19世纪德国著名的哲学家。他的哲学被誉为"集德国古典哲学之大成",具有百科全书式的丰富性,被认为是资产阶级哲学思想发展的一座高峰。

有人评价黑格尔哲学说,"这是人类思想史上最惊人的大胆思考之一"。其中,"存在即合理"是黑格尔的一个很重要的论断。

一、"思维与存在同一"的基本命题

"思维与存在同一"是黑格尔哲学的基本命题,也是他哲学的基本理论。黑格尔提出"凡是合理的都是存在的,凡是存在的就是合理的"著名原理,是他的唯心主义的"思维与存在同一"学说的一个重要内容。

(一)"思维"与"存在"的含义

1.思维

思维不仅指的是人们头脑中的思想,更重要的是指"绝对理念",即存在于人们头脑之外的"客观思想"或"绝对精神"。绝对精神是一种精神或思想,是指万物产生的最初原因和内在的本质,是在自然界和人类社会出现以前就已经存在着的实在,世界上的一切都是它的表现。

2.存在

存在不是指自然或事物,而是最普遍、最抽象的共相,亦即事物的本质,是客观思想的"外化物"或"异化物",即自然界和人类社会中的各种事物的抽象。黑格尔认为事物本身没有客观实在性,"客观思想"是事物的内心根据和核心。

(二)对"思维与存在同一"的分析

1.从认识论角度看,指认识的主体(思维)和对象(存在)是一致(相同)的。也就是说,我们头脑中的思想能够把握事物的本质,并且,凡是我们认为合理的思想(符合绝对精神的思想)都必定能够实现,使存在和我们的思想相一致、相符合。

2.从本体论角度看,指存在物即现象(存在)和它的本质(思维)是一致(同一)的。也就是说,从事物发展过程看,任何事物只有符合它们的"理念"(客观思想)才具有实在性,"理念"(客观思想)在事物中不断实现自己,使事物同自己相一致、相符合。

总之,思维(理念)是存在的本质,存在是思维的异化物,事物只有符合思维才具有实在性,思维通过存在不断实现自己,使存在不断同自己相符合。

二、对黑格尔"存在即合理"的理解

(一)要掌握"真伪判断"与"善恶判断"

很多人误认为"凡是存在的就是合理的""凡是现存的就是合理的",这类说法具有虚假性。杀人放火是合理的吗？贪污腐化是合理的吗？……但为什么人们还能认可并接受这种命题并以此为社会上的种种假恶丑现象戴上"合理"的光环呢？主要原因是混淆了两种不同的判断:真伪判断与善恶判断,或者甚至可以说是抛弃了价值判断,认为一切事物并无"好""坏"之别。

我们要认识事物,必然先要对其做出判断。对事物做判断,主要有两种:真伪判断与善恶判断。前者是事实判断,它判定某事物的真假情况,即它是否存在;后者是价值判断,它判定某事物的价值,即是否有正面价值。这两种判断各有角度,各有目的,是不能混淆,也不能互相取代的。

所以,黑格尔的"凡是存在的都是合理的,凡是合理的都是存在的"的著名命题,其中就既蕴涵着事实判断,又蕴涵了价值判断。

(二)"存在就是合理"的成立是有条件的

"存在就是合理"其实是黑格尔名言"凡是存在的就是合理的,凡是合理的就是存在的"的通俗表达。它的成立,以黑格尔的整个哲学体系为依据。黑格尔认为,宇宙的本原是绝对精神(理性),它自在地具备着一切,然后外化出自然界、人类社会、精神科学,最后在更高的层次上回归自身。因此,凡是在这个发展轨迹上的就是合理的("合乎理性"的简略说法),也就是必然会出现的、是现实的。反过来讲也同样成立。

三、"存在即合理"原理的启示

(一)合理的辩证法思想

黑格尔的这个原理尽管是唯心主义的,但它包含着合理的思想成分。因为按照这个原理,既然不是任何存在着的东西都是实在的,而只有真实的、必然的东西才是实在的,那么,当一件事物、一种政治制度失去了自己存在的必然性时,它也就不再是实在的,因而也就不再是合理的了。这样看来,黑格尔的这一原理本身就具有革命的、辩证的因素。

(二)没有永远存在的东西

按照黑格尔的思维方法的一切规则,凡是现实的都是合理的这个命题,就变为另一个命题:凡是存在的,都是应当灭亡的。"历史上依次更替的一切社会制度都只是人类社会由低级到高级的无穷发展进程中的一些暂时阶段。这种辩证哲学推翻了一切关于最终的绝对真理和与之相应的人类绝对状态的想法。在它面前,不存在任何最终的、绝对的、神圣的东西;它指出所有一切事物的暂时性;在它面前,除了发生和消灭、无止境地由低级上升到高级的不断的过程,什么都不存在。"

第三节 费尔巴哈——人的意义就是人本身

费尔巴哈是德国古典哲学的最后一位代表,他的最大功绩是在德国批判了古典唯心主义,恢复了唯物主义的权威。他的"人本学"唯物主义追求的是把人由过去从属于上帝还原为上帝从属于人,确立人的"第一位"的主体地位,是旧唯物主义发展的最高形态,继承和发展了哲学史上唯物主义的传统,成为马克思主义哲学又一个直接的理论来源。

一、费尔巴哈"人本学"思想的内容

费尔巴哈一生中的主要任务是批判宗教神学,他对宗教的本质、起源、作用等进行了深入分析,为人本学思想奠定了基础。费尔巴哈的人本学唯物主义,主要是关于人的学说,这一学说又以自然的学说为基础,因此人和自然是费尔巴哈哲学的对象。

(一)人与动物的区别——认识"人本学"的基础

人和动物的根本区别是什么? 费尔巴哈认为,是理性、意志和良心。他认为,精神"是人中最高的东西""是人与动物不同的标志",人与动物的本质区别就在于人的精神。在他看来,一个完善的人,必定具有思维力、意志力和心力。"思维力是认识之光""意志力是品性之能量""心力是爱"。理性、爱、意志力,这就是完善性,这就是最高的力,这就是作为人的绝对本质,就是人生存的目的。可见,在费尔巴哈看来,理智、意志、情感三要素的完美统一,既是人之不同于动物的绝对本质,同时也是人之生存的目的。

(二)人是自然界的最高产物

费尔巴哈认为,人是自然界的最高产物,"生命起源于自然,自然是人的根据",因此,自然界是人赖以生存的基础,是人首要的和根本的依赖对象。由于人是自然的产物,是自然界的一部分,因而人的本质首先在于它的自然属性,即人是物理的、生理的人,是一个有血有肉的感性的实体。在这个意义上,费尔巴哈强调人与自然界在本质上是同一的。但是,费尔巴哈并没有简单地把人与自然完全等同。他明确指出:"直接从自然界产生的人,只是纯粹自然的本质,而不是人。人是人的作品,是文化、历史的产物。"因此,"只有社会的人才是人"。可见,费尔巴哈并非单纯从生物学的意义上来考察人,而是看到了人的社会属性,即认识到人是社会的、历史的、文化的产物。不仅如此,费尔巴哈还指出:"孤立的、个别的人,不管是作为道德实体或作为思维实体,都未具备人的本质。人的本质只是包含在团体之中,包含在人与人的统一之中,但是这个统一只是建立在自我和你的区别的实在性上面的。"这说明,费尔巴哈实际上已经从人与人之间的社会关系的角度来考察人了。马克思对此曾给予肯定的评价。

二、费尔巴哈"人本学"思想的评价

(一)对人的本质的理解仍然是形而上学的

费尔巴哈关于人的存在及其本质的学说是建立在唯物主义自然观的基础上的。他把人理解为现实的感性实体,而不是抽象的精神实体,对于否定宗教神学和思辨哲学无疑具有积极意义。但是,他对人的本质的理解仍是形而上学的。因为,他把人的本质看作抽象的"类",即看作是"单个人所固有的抽象物"。正如马克思所指出的,由于费尔巴哈没有对人的现实的本质进行批判,因此,本质只能被理解为"类",理解为一种内在的、无声的、把许多个人自然地联系起来的普遍性。

(二)对唯物主义的认识具有一定的狭隘性

费尔巴哈把人的本质理解为生物学上的本质,就排斥了人的社会历史观点,必然导致唯心史观。不仅具有狭隘性,而且是关于唯物主义的不确切的肤浅的表述。因为,费尔巴哈虽然对自然现象作了唯物主义的解释,但他不懂得社会生活的特点,便企图用自然规律解释社会现象,这种"自然主义"的社会观点是唯心主义的;另外,他不理解人的社会性、社会关系、阶级关系,因而也不理解人与自然界的真实关系。所以,他的唯物主义属于形而上学唯物主义的范畴。

知识链接

美学简介

一、美学的定义

美学是从人对现实的审美关系出发,以艺术作为主要对象,研究美、丑、崇高等审美范畴和人的审美意识、美感经验,以及美的创造、发展及其规律的科学。美学是以对美的本质及其意义的研究为主题的学科。美学是哲学的一个分支。研究的主要对象是艺术,但不是研究艺术中的具体表现问题,而是研究艺术中的哲学问题,因此被称为"美的艺术的哲学"。美学的基本问题有美的本质、审美意识同审美对象的关系等。

二、美学存在的意义

美学是人类社会实践、审美实践、创造美实践的产物,是对人类、个体的历时性、共时性审美,创造美实践经验的理论概括。它对于推动哲学社会科学、自然科学的发展,尤其对于文学艺术的繁荣,具有重要的理论意义,对于开展美育,促进人们树立正确的审美观点,培养健康的审美趣味,提高审美、创造美的能力,从而改造社会,美化生活,完善人性,具有重要的实践意义。

思维训练

1.怎样用美学的观点来看待当今社会的流行元素?
2.从"头上的星空和心中的道德"的理解,来阐释美的本质。
3.你认为,应该如何来提高和完善自己,达到美的统一。

第七章　先秦时期的哲学思想

哲学故事

螳螂捕蝉，黄雀在后

庄子在一个果园里拿着弹弓弹雀儿，也不知是为了好玩还是为了吃一回美味。这时果园主碰上了，怀疑庄子偷了栗子。

庄子说："我刚才见到一个奇景，一只螳螂瞄准了一只蝉，迅速地伸出前足刚把蝉捕获，不料螳螂的背后早就伏着一只黄雀，趁螳螂不注意，一下子把它给吃了。"

哲学观点

毛泽东说过，所谓"两点论"，就是"一切事物无不具有两重性""事物总是当作过程出现，而任何一个过程无不包括两重性"。世界上一切人和事都具有好与坏、善与恶、得与失、进与退两重属性，这两重属性就是事物的内在矛盾，就是推动事物发展的根据，如果只有一重属性，事物也就灭亡了。

导　言

先秦诸子，百家争鸣，儒墨道法究竟孰是孰非？先秦诸子的关注点，其实是不同的。大体上说，墨家关注社会，道家关注人生，法家关注国家，儒家关注文化。墨家留下了社会理想，就是兼爱、非攻与平等。道家留下了人生追求，就是无为、逍遥与自由。法家留下了治国理念，就是权术、谋略与法治。儒家留下了核心价值，就是仁者爱人与博爱。

第一节　儒家学派——仁者爱人与博爱

儒家学派所要解决的是人的本性及其自我超越、终极关怀的问题。这是中国文化精神的血脉之所在。仁是儒家思想体系的核心，研究儒家思想不能不了解仁。

一、儒家学派的主要观点

(一) 仁者爱人

给"仁"以明确定义并将其作为中心观念予以推行的是孔子。其基本内涵是"仁者爱人"。《荀子·子道》记载,孔子曾以"仁者若何"的问题问子路、子贡和颜回,三人回答分别是"仁者使人爱己""仁者爱人"和"仁者自爱"。这三种回答虽有境界高下之分,但皆以"爱"释"仁"。

孔子以"爱人"释"仁",是以其"天生百物人为贵"的人本思想为基础的。人既然是天地万物中最为尊贵的,就应该得到关爱。孔子不相信外缘拯救,故寄望于人类自身,即所谓"仁者,人也"。用"人"来界定"仁",就将这一道德概念哲学化了。

(二) 博爱

孔子对其"博爱"思想的阐述是:"天下为公,选贤与能,讲信修睦。故人不独亲其亲,不独子其子,使老有所终,壮有所用,幼有所长,鳏寡孤独废疾者皆有所养。"当然,这些在孔子的年代,只能是一种美好的愿望,或者是一种期待的理想,在物质生产能力那么低下的年代,孔子这样的大同世界是不可能实现的。

二、儒家学派的影响

(一) 对中国的影响

儒家思想对中国文化的影响很深,几千年来的封建社会,所传授的不外《四书》《五经》。传统的责任感思想、节制思想和忠孝思想,都是它和封建统治结合的结果。

(二) 对东亚的影响

在韩国,信奉各种宗教的人很多,但是在伦理道德上却以儒家为主。10世纪,越南独立以后,各王朝的典章制度大都取法于中国,政府选拔人才也采取科举制度,以诗、赋、经义等为考试内容。

(三) 对欧洲的影响

有学者认为,儒家学说推动了欧洲近代启蒙运动,以伏尔泰、狄德罗、卢梭、洛克、休谟、魁奈、霍尔巴赫、莱布尼茨等人为代表的西方近代启蒙先驱吸取孔孟学说,打破欧洲封建世袭和神学统治,催生发展了自由观、平等观、民主观、人权观、博爱观、理性观、无神论观等现代观念,促进了人文、政治、经济、社会乃至科学等方面学说的发展。

(四) 对现代教育的影响

孔子门下弟子三千,因而总结出很多行之有效的教育方法,比如"温故而知新""三人行必有我师""学而不思则罔,思而不学则殆"等。孔子更被后世尊称为"万世师表"

第二节 道家学派——无为、逍遥与自由

自由作为一种"应然"状态,对中国人来说从来就不陌生,它包含在道家学派的全部经典中。在老子那里,这种状态叫"无为",在庄子那里,这种状态叫"逍遥"。

一、道家学派的主要观点

(一)老子的"无为"

老子的人生哲学思想和政治哲学思想可以用"无为"来概括,它是老子哲学所要表达的最重要的观念。老子提倡清静无为,主张自然的生活态度。

老子的"无为"并不是不作为,绝不是排斥任何"人为",绝不是什么都不做,而是指顺任事物的自然状态以及排除不必要的作为或反对强作妄为,是无意于为,是"作焉而不辞""为而不恃""为而不争"的自然平和、无私无欲的状态,它实际上是对自然界的无意志、无目的的本质属性的一种概括。

(二)庄子的"逍遥"

"逍遥"是庄子人生哲学的主要内容,也是庄子自由思想的核心所在。在《逍遥游》中,庄子以精神的绝对自由为理想境界,淡然名利、淡然生死,一切"无待",顺物自然,"无己、无功、无名",从而达到一种"游乎四海之外""磅礴万物以为一"的"逍遥游"的终极理想之境,摆脱世俗的困苦。"至人无己"就是主体自我与自然万物处于一种和谐自然、物我交融的境界,是一种不为物欲所限制的状态。

庄子说:"人皆知有用之用,而莫知无用之用。知无用,而始可与言用矣。"关于无用,也即无用之用,处于有用与无用之间的观点是庄子逍遥思想的表现。庄子的逍遥表现出的是对人间生存状态所经历的痛苦和忧患的一种主观超越,是对冰冷人世间的另一种无言的沉默。

(三)自由

庄子没有停留在道学精神统摄下的精神回归的层面,而是以此为基础,进一步展开了对"个人生命在宇宙间的存在意义"的思考。这种思考表面看来,似乎依旧是对社会生命意义的反思,但它最终则指向了以自然为基础的超自然性,那就是对"无待"的自由境界的追求。人"只有感受到个体生命存在的自由和轻松,才能体验到生存的真实的意义"。

二、道家学派的影响

道家对中国古代文化思想的影响是巨大和深刻的。这不仅表现在中国哲学的最初阶段中,道家学派在商周氏族制社会急剧崩溃,政治、社会制度和文化思想极为混乱的情况下,对宇宙、自然和社会、人生、政治诸多关系做出的哲学思考,而且还在于道家学派创始人老子划时代地提出了一个本体论的"道"。

胡适先生曾指出:"哲学是在整顿、理解和改善世界秩序的方式和方法当中产生的。"

正由于道家哲学所具备的这种现实意义,因此它的一些思想不仅为历代的封建统治阶级所采用,而且它的严谨的哲学类比方法、奇妙恍惚的想象力、夸张和优美的文学描写,对中国数千年的传统文化,包括文学、宗教、医学、哲学和美学等,均产生了极为广泛和深远的影响,直到今天,人们还在不断从中读出新意来。那就是既要关注我们身体的健康成长,又要关注精神发展,追求生活的意义与价值。

第三节　墨家学派——兼爱、非攻与平等

"兼相爱,交相利"并非是自己为了得到利益才去爱人,而是凡社会中每一个人首先把爱人作为一种义务,作为一种社会道德规范去自觉遵从,至于能否得到利益并不是最终目的。这就是墨子"兼爱"思想的本质。

一、墨家学派的主要观点

(一)兼爱

墨子最有代表性的口号是"兼爱"。所谓"兼爱",就是要求人与人之间实行普遍的、无差别的互相友爱。墨子认为:"爱人不外己,己在所爱之中。"墨子主张在尊重他人和社会的利益并使其得以满足的情况下,使自身的利益也得到实现。墨子并不否认爱己,但反对只顾个人利益,要求人们把行为的立足点放在他人的利益和幸福上。墨子在提出"兼爱"的同时,还始终坚持鲜明的是非观和善恶观,即在真理和谬误、好与坏之间没有任何调和的余地,表现了很强的原则性。

(二)非攻

墨子反对以攻治国,提倡以"以智治国"。那么"以智治国"对君主又有哪些要求呢?"为其上中天之利,而中中鬼之利,而下中人之利"(《墨子·非攻》),君主处事在上能应和上天,在中能应和鬼神,在下能应和人民,这就是符合义的,是智者之道,是圣王的法则。墨子并非反对一切战争,而是反对具有掠夺性的战争,他认为掠夺性战争是"强凌弱,众暴寡"的非正义战争。因此,他把正义战争称为"诛",非正义战争称为"攻"。

(三)平等

墨子的平等观主要体现在他的"兼爱"学说之中。他旗帜鲜明地提出的"兼相爱,交相利"的互利理论,强调了人与人之间的平等,提出了一种无差别、无等级"尚兼反别"的兼爱观。在经济上,墨子提倡全民同利、有财相分、有利相交的平等公正观。在社会关系上,墨子强调,正义在于公利,为天下兴利除害,是治理国家的根本对策。在政治上,墨子主张社会制度规范上的平等,反对血统门第世袭的"任人唯亲"的举官制度。

二、墨家学派的影响

墨家思想是中国古代完整版的辩证唯物论。墨子懂得太多的自然的道理,有那么多发明创造,这不能不说是中国古代史上的一个奇迹。墨子能够真正摆脱各种社会势力的

纠缠和引诱,从力学、光学、几何学、逻辑学等广泛的知识领域去把握生命的本来含义,认知世界的真相,从而形成寻求真知、注重实践、自立自强的可贵品格。他们信奉一条重要规则:在已知条件下无法判断事情真伪时,默认为真;直至事实证明该真为伪为止,推翻该论点。

　　墨学类似中国先秦时期的平民共产主义,是封建帝王深恶痛绝的学说,理想主义在中国的存在源远流长,而早在两千多年前,墨学提倡规范上的平等,反对血统门第世袭的"任人唯亲"的举官制度和墨子等人领导的墨学运动,在当时也可以说是一场理想主义。但是,在今天我们倡导墨子的节俭思想,提倡人们在生活中节俭消费,有利于抵制人们心理上的攀比趋向,形成真诚、友善、包容、和谐的人际关系,推动社会的进步与发展。

第四节　法家学派——权术谋略与法治

　　法家的实际创始者是战国前期的李悝、商鞅、慎到、申不害等。战国末期的韩非子是法家思想的集大成者,他建立了完整的法治理论和朴素唯物主义的哲学体系。

一、法家学派的主要观点

(一)法治

　　法家所提出的"法治"口号,即所谓"以法治国"。"法治"思想的理论体系主要有三层意思:一是认为法律是客观、普遍、公正的行为准则。二是认为法律是以国家强制力保障实施的特殊的行为规范。三是认为法律不是社会中一部分人局部利益的"私"的表现,相反,法律是社会整体利益的"公"的表现。

(二)术

　　韩非子认为,要实现法治,要讲究用"术"。"术"是君主掌握政权,贯彻法令,防止篡权,从而实现"法治"的一套方法、策略和手段。君主为了巩固自己的权势和使臣下奉公守法以实行"法治",就必须要有一套驾驭臣下的"术"。韩非子所谓的术是君主任免、考核、赏罚官吏办事的准则。

(三)势

　　"势"指权势。韩非子认为,君主如果无"势",既不能发号施令,又不能行赏施罚,根本谈不上法治,他主张法、势结合,法不能离开势,势也不能离开法,有势无法,不可能是法治,只能是人治。因此,必须"抱法处势"。他还强调"势"必须由君主"独擅","在君则制臣,在臣则胜君"。君主能运用威势去行法用术,有完备的法令,让臣子不能不听令做事,奉公守法的有赏得利,徇私违法的有罚受害,国君只要掌握威势,臣子都依法行事,百姓都是他的耳目。所以君主尽管不出深宫,而天下臣民的善恶正邪,他都能了如指掌,这是任势的效果。所以,善于用势的,国家就安定,不懂得依凭威势的,国家就危险。

二、法家思想的影响

法家学派的法治理论对春秋战国之时的封建化改革和秦始皇统一六国,建立中央集权专制的封建国家起了重大的作用,并成为秦王朝的统治思想。到了西汉以后,独立的法家学派逐渐消失,其法治思想被吸收到儒学的体系中,德刑并用,成为维护地主阶级专政的有力工具。但是,先秦法家对以后的一些唯物主义者和进步思想家仍产生了一定的影响。

依法治国,建设民主法治国家,已成为基本的治国方略。而要实现这一基本治国方略,需要全民的法律意识提供基础和保障,列宁曾把法律意识视为法制建设的核心环节。作为国家未来建设中坚的大学生,自身素质特别是法律素质如何,将直接影响到我国建设社会主义法治国家的进程。可见,加强大学生法制教育,培养和强化大学生的法律意识,是时代发展的要求。

知识链接

中国人的抉择

在当代中国,关于先秦诸子学说的研究是多角度、多层次的,先秦诸子学说与魏晋玄学、宋明理学、民族文化、当代的毛泽东思想,共同构成中华文化的主体,而作为人类时代文化的一个重要构成——先秦诸子学说,对于中华文化的影响尤其显著。

如果说西方文化终于不能使自己成为理性的"人",只能返回自然素朴的本初,以"人性恶"作为社会伦理的底线,中国人则能够以教育引导人性向善,以"人性善"作为社会伦理的底线——这是社会主义能够在中国成功的决定性的原因。

传统文化的现代转生,不是采用"一家之言",而是博采诸家,舍短取长,以实现多元互补和多维整合。事实上,儒道墨法四家的价值观处于不同的方位和级次,经分剥整合,能够形成系统功能意义上的对立互补机制,从而对现代市场经济起到价值导引和思想滋养作用。

在商品经济背景下,利益关系在人际关系中的比例空前增大,人际联系的功利意识明显突现,这就使本来丰富多彩的人际关系容易简化为单调的金钱关系、交易关系。重财轻德、见利忘义的倾向使社会道德滑坡。金钱、物质及权力崇拜之风兴起,竞奢弄富,挥霍浪费等现象严重。面对这种情况,有必要从伏根深远的传统文明中寻求精神滋养。儒道墨法四家,从不同的维度切入认识义利问题,可以为商品经济的运作提供全方位的价值准则,负起"补药"和"解药"的双重职能。

思维训练

1.请说出先秦诸子的名言,看谁说得多。

2.对你最有启迪意义的名言有哪些。

3.你认为我们应该摒弃哪些不适合现在学习和生活的先秦诸子的思想。

第八章 中古时期士族的成长与堕落

蜘蛛的坚韧

雨后,一只蜘蛛艰难地向墙上已经支离破碎的网爬去,由于墙壁潮湿,它爬到一定的高度就会掉下来,它一次次地向上爬,一次次地掉下来……第一个人看到了,他叹了口气,自言自语道:"我的一生不正如这只蜘蛛吗? 忙忙碌碌而无所获。"于是,他日渐消沉。第二个人看到了,他说"这只蜘蛛真愚蠢。"于是他变得聪明起来。第三个人看到了,他立刻被蜘蛛屡败屡战的精神感动了。于是,他变得坚强起来。

哲学观点

马斯洛曾经说过:"心态改变,态度跟着改变;态度改变,习惯跟着改变;习惯改变,性格跟着改变;性格改变,人生就跟着改变。"在特定的历史时期,特定的环境下,使自己寄托在一个思想中,是人承受压力和缓解压力的主要方式之一。

导 言

士族制度萌芽于东汉时期。曹魏、西晋时期士族制度开始形成。曹魏政权实行的"九品中正制",是士族制度形成的重要标志。东晋时士族制度得到充分发展,进入鼎盛阶段。东晋后期到南朝时期士族制度逐渐走向衰落。隋唐时期士族制度走向消亡。

第一节 两汉经学——大一统时代的需要

两汉是我国古代经学全面确立时期,也是经学获得繁荣的第一个重要历史阶段。"经"是对于一部分儒家典籍的专指与特称,"经学"则是以诸经为对象的阐释、考辨、研究之学。经学发展的主要成绩在于保存和整理了一批重要的儒家经典,贡献了一批有多方面学术价值的经解、经注。

一、经学的主要思想

经学的理论体系是"天人感应论"，注重于"究天人之际"，其主流思想是目的论。如董仲舒在"天人"关系中认为"天"是宇宙至高无上的主宰，为"百神之君"（《郊义》）。又提出"天人相类"和"天人相副"的理论，认为"天"按照自己的形象有目的地创造了人，人是天的复制，故天的地位在万物之上。"天人"之间应该是一种协调一致的关系。他总结说："天者，群物之祖也，故遍覆包涵而无所殊，建日月风雨以和之，经阴阳寒暑以成之。故圣人法天而立道。"（《董仲舒传》）所谓"法天而立道"，就是要求人类遵从"天"的意志，而所谓天意无非是统治阶级意志的神化。

经学的宇宙观是一种系统论，纳天地人为一体，系统内存在着一种互制互动的关系。董仲舒说："五行之随，各如其序。五行之官，各致其能。……是故木主生而金主杀，火主暑而水主寒，使人必以其序，官人必以其能，天之数也。"（《五行之义》）否则将破坏宇宙秩序，造成灾祸变异。在这种"天人"系统中，人成为系统不可分割的一部分，人的活动受到了整个宇宙秩序的制约。而所谓"宇宙秩序"，不过是对现存社会秩序的反映。"宇宙秩序"对人的制约，具体地表现为人格对人伦、名教的屈从。此外，自汉武帝"表彰六经"，并劝以官禄，明经成为仕进的阶梯。经学畸形的繁荣造就了一大批靠经学起家的势利之徒，人格受到了名位利禄的束缚。至东汉一代，统治者提倡名节，炫耀名节成为要官干禄的手段，遂使诈伪之风日盛，人格更受到名教的拘累。

二、经学的影响

经学对中国古代教育起了绝对的支配作用，其正面效应是推动了教育事业的发展，其负面效应则是"重文轻理"，对自然科学知识的传播有所局限。

当然，经学也并不是完全排斥自然科学，某些方面也起到一定推动作用。郑玄通晓古代天文、历算及工艺，他在注释儒家经典时，将《三统历》《九章算术》《考工记》等科学知识融入经典之中，保存了许多重要资料。唐代国子监设有算学一门，科举中有明算，对当时数学的发展起到了促进作用，足见儒学对历算是很重视的。清代学者在整理旧学的过程中，于自然科学方面亦做出不少成绩，如地理学方面，以历史地理为主，把《禹贡》《水经注》《汉书·地理志》作为研究重点，并出现《读史方舆纪要》一类奇书。不过，经学对自然科学的态度，趋古而少创新，更谈不上发明创造。所以说，经学的昌盛，是中国学术思想史的一大特征，对这一古代文化值得认真研究。

第二节 道教兴起——中国人自己的宗教

道教是我国土生土长的宗教，在近两千年的漫长演进过程中，对中华民族的政治、经济、文化、艺术、医学以及民族心理、社会习俗等方面都产生了深远影响。

一、道教简介

道教是中国主要宗教之一,主要思想《易经》为伏羲、周公、孔子三圣创立,伏羲创造了八卦,周文王创造了六十四卦,孔子则为易经作《易传》,由此形成了中华文化的总源头,是诸子百家的开始。东汉时形成宗教,到南北朝时盛行起来。道教徒尊称创立者之一张道陵为天师,因而又叫"天师道",后又分化为许多派别。道教奉老子为教祖,尊称他为"太上老君"。

从战国中后期到汉武帝时,方士(亦称神仙家)与帝王将相纷纷鼓动,掀起了中国历史上有名的入海求不死药事件。我国独有的神仙信仰沿袭而下,到东汉中、晚期为道教所继承,成为道教信仰的核心内容。汉武帝死后,方仙道逐渐与黄老学结合向黄老道演变。东汉顺帝时,张陵在蜀郡鹤鸣山(今四川大邑县境内)创立了五斗米道,又名正一盟威道。

汉末魏晋时期是我国道教发展的重要时期。相传唐代初年,李唐皇室自称是老子李耳的后裔,尊老子为"圣祖"。由于唐、宋皇室的尊崇,宫观大兴,信徒日增,道教的发展到达极盛。

二、道教的信仰

道教哲学理论以《老子》为范本,从整体宇宙观出发,然后将自然之道、治国之道、修身之道三者归纳于一个共同的自然规律中。

道教的根本教理和核心信仰就是老子之道。道教讲"无为",讲"自然",不是消极、无所事事,而是要人"为,无为"而后达到"无不为",就是要人顺应自然规律,掌握自然规律,因势利导,达到事半功倍的效应。道教创造出的《太极图》,就是以图式来表现这一哲理的。《太极图》中的黑白鱼,就是表现的"物极必反"的道理和阳中有阴,阴中有阳,亦即"祸兮福所倚,福兮祸所伏"的道理。

三、道教对现代人的影响

人是生活在社会之中的,受到各种社会关系的制约。社会和谐有序,个人才会有美好的人生。那么,如何才能处理好各种社会关系呢?道教提出,每个人都应该具有慈爱之心,要仁慈、友善地对待他人,乐人之成,悯人之苦,济人之危。

当前,崇俭抑奢的古训仍然有着不可忽略的意义。让我们继续发扬道教的崇俭抑奢思想,在消费活动中,多一些理智,少一些盲从;多一些实在,少一些虚华;多一些精神追求,少一些物欲放纵。

道教基于形神统一的生命观,提出性命双修的养生原则。性指心性,命指身体。性命双修就是既要通过身体锻炼优化人的生理功能,又要通过心性修养净化人的灵魂。放眼当今市场竞争激烈,令人心理紧张,情绪焦虑患有,心理疾病的人数量逐渐增加。如能学习借鉴道教的心理控制方法,可以缓解个人的焦虑情绪,减轻心理压力,保持良好的心态,从而促进心理健康发展。

第三节　魏晋玄学——士大夫的悲哀

玄学是魏晋时期占主导地位的哲学思潮。与中国历史上其他的哲学思潮相比，魏晋玄学所体现出来的鲜明的风格及其当时玄学思想家群体放任、超达、自由、解放的个性，是历史上所少见的。

一、魏晋玄学的主要观点

玄学以无为本，以有为末，用"举本统末"的方式把天道与人道结合起来，其思想实质没有离开天人关系这根主轴。

（一）宇宙观

由"气"构成简单混一的图画。王弼说："万物之生，吾知其主，虽有万形，冲气一焉。"（《老子注》四十二章）张湛说："一气之变，所适万形。"更加重要的是，在魏晋玄学这个混一的宇宙里不存在任何事物间的制约、决定因素，事物皆因其自然之性而自生、自成。所以说，"万物自生"是魏晋玄学宇宙观中的一个鲜明特点。

（二）对儒学的"天命"观念的改变

玄学引用道家的"气"和"自然"的观念，给予"命""性"以新的观念因素和解释。由于魏晋玄学接受了道家"通天下一气"（《庄子·知北游》）和"万物殊理"（《庄子·则阳》）的思想，于是认为万物皆由"气"构成，同时，也认为万物是千差万别的。魏晋玄学把"命"的本质内涵确定为一个完全自然的过程，只是由"气"形成不同的、不可改变的"性"而已，这样的界说不仅改变了先秦儒学关于"性命"的观念，也改变了汉代儒学的"天命"观念。

（三）用"自然"的观念解释"孝"与"忠"的范畴

儒学主要是从"孝""忠"的道德理性的特定内容来界定的，魏晋玄学是以无"情"为主要特征来界定的。在魏晋玄学看来，"情""发于天成""自然生成"，所以说，魏晋玄学的自然之情是不能按照儒家对"孝""忠"的理解标准去加以评判的。

二、魏晋玄学的作用

（一）从政治层面上看

魏晋玄学是与政治联姻，为适应门阀士族夺取统治权力和维护等级名分需要而兴起的哲学思潮，为现实秩序提供理论根据。为了挽救名教，魏晋名士便试图以老庄释儒，抬出《老子》《庄子》《周易》三玄，从中找名教形而上的根据（即以自然之道来明人事），并用玄谈来替腐朽的生活方式作辩护和掩饰，维护等级体制。

（二）从理论层面上看

汉儒经学着眼于实实在在的王道秩序和名教秩序的建构，热衷于"天人感应"的神学目的论。魏晋玄学，在形式上复活了老庄思想，用他们改造过的老庄思想来注解儒家经典;在内容上,则是将两汉"天人感应"的神学宇宙论改变为有无本末之辨的本体论,从哲学层面上解读,这是哲学思维上的一个重要转折和跃进。当然,他们的这些思想也有弊端,即这种维护现存秩序的思想有宿命论色彩,有麻痹人的作用。

(三)从价值层面上看

以儒家"名教"为核心的权威的官方价值体系陷入困境后,魏晋名士们援道入儒,试图重建一种新的价值体系。尽管玄学家们力图调和当然之则("名教")与必然之理("自然")的统一,建构新的权威性价值体系,但终究未能如愿。

知识链接

阴阳五行学说与中国人的生活

1. 阴阳五行学说简介

阴阳五行学说是中国古代朴素的唯物论和自发的辩证法思想,它认为世界是物质的,物质世界是在阴阳二气作用的推动下滋生、发展和变化的;并认为木、火、土、金、水五种最基本的物质是构成世界不可缺少的元素。这五种物质相互滋生、相互制约,处于不断地运动变化之中。这种学说对后来古代唯物主义哲学有着深远的影响,如古代的天文学、气象学、化学、算学、音乐和医学,都是在阴阳五行学说的协助下发展起来的。

阴阳五行学说认为,世界是物质性的整体,自然界的任何事物都包括阴和阳相互对立的两个方面,而对立的双方又是相互统一的。阴阳的对立统一运动,是自然界一切事物发生、发展、变化及消亡的根本原因。正如《素问·阴阳应象大论》说"阴阳者,天地之道也,万物之纲纪,变化之父母,生杀之本始"。所以说,阴阳的矛盾对立统一运动规律是自然界一切事物运动变化固有的规律,世界本身就是阴阳二气对立统一运动的结果。

五行是指木、火、土、金、水五种物质的运动。中国古代人民在长期的生活和生产实践中认识到木、火、土、金、水是必不可少的最基本物质,并由此引申为世间一切事物都是由木、火、土、金、水这五种基本物质之间的运动变化生成的,这五种物质之间,存在着既相互滋生又相互制约的关系,在不断地相生相克运动中维持着动态的平衡,这就是五行学说的基本含义。

2. 阴阳五行与中国人的生活

(1)医学方面

祖国医学中的阴阳五行学说,是一种朴素的唯物论和自发的辩证法,承认世界是由物质构成的,认为一切事物都是互相联系的,而且事物内部都包含着阴阳两种对立势力的相互依存和斗争。中医应用这个观点,指导防病治病的实践,在历史上对祖国医学的发展曾起过积极的作用,这是应当肯定的。阴阳五行学说,贯穿在中医学的各个方面,用来说明人体组织结构、生理功能、病理发生发展规律,以及人体脏腑组织之间的相互关系与变化,它在历史上对中医理论的形成和发展起了重要作用,是中医学理论体系的一个重要组成部分,至今在临床实践中仍有一定的指导意义。

(2)艺术方面

"夫书肇于自然,自然即立,阴阳生矣,阴阳既生,形势出矣"(蔡邕《九势》),"书之气,必达乎道,同混元之理,阳气明则华壁立,阴气太则风神生,把笔抵锋,肇乎本性"(佚名《记白云先生书诀》),这两段文字,把书法创作主观的人与自然世界的阴阳五行联系起来,根据五行学说认为,人是禀五行之气而生的,人的禀性应具有五行的特征,具有五行之德,即木主仁、火主礼、土主信、金主义、水主智,然而由于各人禀气所拘,物欲所蔽,故人的气质、性格都各有所偏,这反映在书法上就形成了千差万别的创作风格,如袁昂《古今书评》中云,"萧子云书如上林春花,远近瞻望,无处不发""崔子玉书如危峰阻日,孤松一枝,有绝望之意"等,各形其象,就是用自然事物来比喻描述各书家不同的风格,使人联想起书法的点画精微、神变深妙的笔意。

(3)养生方面

根据阴阳五行学说,养生应因人、因气候、因环境而定。阴阳平衡,则正气充盈,人体抵抗外邪的能力强,外邪不侵。不论环境有多恶劣,也不论遭受何种挫折,都能保持健康;反之,人体由于营养失衡或信仰危机,就极易处于亚健康状态,患各种疾病而失去健康。阴阳失衡可导致疾病,而营养均衡,能治疗多种疾病。心病可以导致身病,身病又可以引起心态失衡,导致心病,造成恶性循环,现代"富贵病"心血管疾病、癌症等则是身心疾病的综合。通过调整心态,吸取中草药的各种有效成分,均衡人体营养,调整人体五脏六腑的阴阳平衡,人体就能战胜顽疾而恢复健康。调整心态,愉快地面对人生,面对挫折,面对困难。适当补充营养、注意饮食起居,适当锻炼身体,就能从亚健康状态走向身心健康,这是修身养性的养生的要诀。

思维训练

1.你信仰宗教吗?你能说出几种宗教类别?
2.士族制度、科举制与现代考试制度有哪些不同点?
3.你认为我们应该如何修订目前的学习考试制度并与当前社会发展相适应?

第九章　中土佛学的盛衰

第一节　佛教西来——第一次西学东渐

一、佛教的传入和盛行

　　佛教是古印度的宗教。佛教的创始人是悉达多,族姓乔达摩,释迦牟尼是佛教徒对他的尊称。"佛"是所谓"觉悟"的意思,指人觉悟了"绝对真理"、宇宙人生的真谛。佛教创造了一套系统的宗教思想,它把现实生活看作是一切痛苦的根源,并以此为出发点提出了

"三世轮回""因果报应""神不灭"等宗教思想,除此之外还宣扬极乐净土(天堂)、地狱等宗教世界。它以"佛"为最高教主,以超脱轮回、投身净土为最高目的。据中国文献记载,佛教于公元一世纪传入中国,相传东汉明帝永平十年(67),开始有汉译本佛经的出现。佛教刚传入中国时,东汉王朝规定不允许汉人出家当和尚,少数寺院也只是为西域来华经商的商人而设立的。当时人们对佛教教义的了解只是把它看成是与中国黄老方术思想差不多的东西。他们认为老子讲"无为""去欲",佛教也讲"清净无为""息心去欲",所以他们把佛看作是与中国当时流传的神仙差不多。

到了东晋南北朝时期,社会处于战乱与分裂的时代,社会矛盾与民族矛盾十分尖锐。此时人们需要宗教的思想来慰藉自己的心灵;同时上层统治阶级也需要用宗教思想来加强对社会的思想统治,所以他们大力地提倡佛教,希望用佛教的思想来缓和社会矛盾,稳定社会秩序。

二、西学东渐的历史概况

罗素说:"不同文明之间的交流过去多次证明是人类文明的里程碑,希腊学习埃及,罗马借鉴希腊,阿拉伯参照罗马帝国,中世纪的欧洲又模仿阿拉伯,而文艺复兴时期的欧洲则仿效拜占庭帝国。"中国文明与欧洲文明的交流可谓源远流长,而交流最主要的途径之一就是西学东渐。

(一)西学东渐的含义

西学东渐,是学术界对近代以来中西方文化交流状况的一个总体概括。但是,由于对"西学"一词涵盖范围的界定不同,人们对"西学东渐"的具体理解也存在着差别。从广义上讲,"西学"是指涵盖了自古希腊以来欧洲及北美社会不断发展完善的宗教、哲学、政治、经济、法律、美学、文学、艺术以及自然科学等领域的思想和知识体系,是包括了西方的自然科学、哲学、社会科学在内的整个西方文化体系。从狭义上讲,"西学"主要是西方的先进科学以及不同于传统国学治学方法的新科学。而我们所说的"西学东渐"的含义是指包括自然科学、哲学、社会科学在内的西方思想文化的东传过程。

(二)西学东渐的影响

中西文化交流史上的"西学东渐"是一较长的历史过程,它发端于明末清初,至今仍未停止。19、20世纪之交的西学东渐活动,在思想内容上十分广泛,它直接或间接地冲击、影响着中国传统文化以及中国人的文化心理和价值观念,促进了中国社会由传统向现代转变。对当时中国思想文化的影响主要表现在两方面:其一,就文化性质而言,它使中国实现了由农业文明向工业文明的转变;其二,就文化模式而言,它使中国文化实现了由本土模式向西方模式的转变。

西学的传播在一定程度上促进了中国职业教育的发展。职业教育是指给予学生从事某种职业或生产劳动所需要的知识和技能的教育。由于社会的经济结构是多层次的,因此,对人才的需求也是多方面的。而在中国,由于根植于古老中华大地的"中学"是以儒家的"四书""五经"为主要内容的"经史之学",并且儒家轻百工、忽视科学技术教育,这便导致了中国社会,尤其是进入近代以来职业教育滞后的状况。这也是造成近代中国科技落后、国力贫弱的原因。然而,"西学"的传播却恰似春雨滋润干涸的大地一般为近代中国科学技术的发展,人们科学、开明观念的树立,尤其是近代实业(职业)教育的兴起和发展提供了契机。

因此,正是在"西学东渐"的影响下,近代中国各界人士纷纷致力于教育实践活动。从早期的洋务派倡导实业教育,创办新式学堂,到后期的社会开明人士黄炎培、蔡元培等提倡的职业教育,以职业教育取代实业教育,使中国近代的职业教育体系从发轫逐渐走向了成熟。

第二节　禅宗分裂与发展——佛学的中国化

禅宗是中国佛教八大宗派之一,在自身的发展过程中,从起源到分裂再到后来的发展,已从外来的宗教逐渐成为中国化的宗教。它所蕴含的对本性的关怀,以及由此出发而展开的处世方式、人生追求、直觉观照、审美情趣、超越精神等,都凸显着人类精神澄明高远的境界。

一、禅宗的起源与发展

禅宗大师慧能有一首很著名的诗:"菩提本无树,明镜亦非台,本来无一物,何处惹尘埃。"这首充满佛学智慧和魅力的偈语,正是体现了禅宗对生活的觉悟、对精神境界的高远追求。禅宗的发展有着自己的渊源。

(一)禅宗的历史渊源

禅,可以说为"禅那""禅定",是梵语的音译。相传佛陀释迦牟尼在灵山会上,默然不说一句话,只自轻轻地拈一枝花,普遍地向大众环示一转;当时,大众都不晓其意,面面相觑,唯有摩诃迦叶尊者会心地展颜一笑。于是,佛陀释迦牟尼便当众宣布:"吾有正法眼藏,涅槃妙心,实相无相,微妙法门,不立文字,教外别传,付嘱摩诃迦叶。"佛陀就这样把"不立文字,教外别传,直指人心,见性成佛"的正法眼藏传授给了摩诃迦叶尊者,这就是传说中禅宗的起源。

(二)禅宗初期的发展

从安世高和支谶开始,所传多为小乘之禅。从西晋竺法护开始到东晋佛图澄等沙门译经授禅,大乘之禅日渐弥盛。后又经道安等人发扬,特别是道安门人慧远在庐山创白莲社,开禅净一致之端,为后世净饭宗鼻祖。同时,鸠摩罗什与佛陀跋陀罗译经颇多,禅门兴隆,习禅愈盛。玄高、宝云、慧观和僧道、道生等继承并倡导,渐成气象。等到沙门宝志(即志公大师)出世,已形成中国大乘禅,它与稍后或同时的以傅大士为代表的中国维摩禅及隋唐以后禅宗所推尊的达摩禅,成为中国禅宗在南北朝间兴起和发展的重要的三途。

二、禅宗修行的方法

禅宗思想是重铸了中华民族的人生哲学,丰富了知识阶层的理性思维,陶冶了中国知识分子的审美观念,是对老庄的哲人之慧的发展。中国禅宗的真正发展是在达摩东渡之后,禅宗逐渐发展为顿悟的南宗与渐悟的北宗,顿悟和渐悟成为禅宗修行的两种方法。

南宗的顿悟,认为只要消除妄念、性体无性,则刹那成佛,无须缓缓静修。慧能的弟子神会用一个精彩的比喻来说明这种顿悟,叫作"利剑斩丝"。他说:"譬如一缕之丝,其数无量,若合为一绳,置于木上,利剑一斩,一时俱断。丝数虽多,不胜一剑。发菩提心,亦复如是。"既然烦恼妄念可以"一时俱断",那么,刹那之间成佛,就是完全可能的。

北宗的顿悟则以渐修为前提,"犹如伐木,片片渐砍,一时顿悟",又如远赴都城,"步步渐行,一日顿到。"北宗的顿悟,实质不是渐修。它是经过长期修持后的恍然大悟,即所谓"以定发慧"。可见,北宗主渐修,虽然有顿悟的思想,但实质上也是属于长期"渐修"后的"顿悟"。

纵观一部禅宗史,它不仅是中国佛教发展的缩影,而且它的发展改革决定了中国佛教的走向,它的出现是佛教中国化的开端,使中国佛教摆脱了印度佛教的束缚,建立起符合中国文化的特色,吸引并接纳中国文人、劳动大众参与的新型佛教思想体系,使之成为具有中国人文情怀的新兴宗教。禅宗的出现与理论上的突破,标志着中国佛教终于完成了由出世到入世、由宗教到现实、由佛国到人间的重大改革,彻底改变了佛教的禅学观念和理论导向,产生了极为深远的影响。

第三节　三教纷争与融合——佛学的世俗化

魏晋南北朝时期是儒、佛、道三教关系形成及初步展开的重要时期。三教的关系主要体现在外来佛教与儒、道之间的关系上。为了更好地生存和发展,三教之间既通融互摄,兼采众长又互相攻击,体现了融合中的纷争与纷争中的融合这一特点。

一、儒、佛、道三教融合中的纷争

魏晋南北朝时期是儒、佛、道三教关系形成及初步展开的重要时期。三教关系的中心主要体现在外来佛教与儒、道之间的关系上,而佛教与道教之间的关系又是其中的重点。从文化发生学的角度来看,道教与儒家由于具有客观上的同根同源的关系,二者在思想及情感上易于沟通和认同,因此,道教经常与儒家联手,共同打压佛教。又由于道教在社会地位上具有相对的脆弱性,不比儒家因与宗法社会紧密联系,而享有绝对的优势;道教在理论上又具有相对的薄弱性,不足以与善于辨析明理的佛教进行正面抗衡。为了更好地生存和发展,道教充分发挥其通融互摄,兼采重长的文化传统,始终处于积极主动,佛教则处于相对被动的局面。

佛教中国化的初期,为了求得自身的生存和发展,对中土的儒道采取了迎合和依附的发展策略。佛教初期的教义是依附黄老道而传播的,而其经典翻译也多比附儒道。儒教中较难理解的名言概念及思想文化则被采用"格义"的方法使之通俗化,如将"涅槃"译为"无为",把释迦牟尼译成"能仁",把"佛"比附为道教神仙等。

正因为如此,佛教被当时的人们视为与传统儒道相差无几的东西而受到信奉,佛教也因此成功地获得广泛的传播。此时的道教曾因教义粗鄙及前期过分地与当权者争夺世俗权力而一度惨遭边缘化。后来,历经信道文人的清整和提升,道教逐渐朝着规范化、官方化和规模化的方向前行。然而此时的儒家却因经学的式微及失去大一统局面的支撑而相对丧失了前期独尊的殊荣。儒、佛、道三教在势力上的此消彼长,以及辅助王道教化的共同使命,客观上为三教彼此尊重对方的存在及交流互动提供了可能性和必要性。然而需要指出的是,这种表面看似平静的三教关系之下,却也时常涌动着激烈争斗的暗潮,只不过这种摩擦在生存发展的大前提上,被各教自觉地隐忍和克制着。随着各自势力的不断增强,三教初期的"协调""融洽"局面势必会被新的纷争所取代。

二、儒、佛、道三教纷争中的融合

南北朝时期,三教纷争互斥的关系基本上表现为儒、道对佛教的排斥及佛教据理力争的自我辩护。具体而言,儒家主要从社会经济、王道政治及伦理纲常等诸多方面对佛教予以谴斥。此间的范缜不畏强权,捍卫真理,对佛教进行了严厉的批判。在《神灭论》中,他不仅从理论上揭露佛教的虚妄,而且还从现实生活层面痛斥佛教"浮屠害政,桑门蠹俗",指出佛教的流行使得人们"竭才以赴僧,破产以趋佛,而不恤亲戚,不怜穷匮""家家弃其亲爱,人人绝其嗣续,致使兵挫于行间,吏空于官府,贷殚于泥木"。对于儒家的指责,佛教只能以妥协调和的方式进行低调的回应,如把佛门"五戒"比配为儒家"五常";在佛教教义思想体系中增加儒家忠孝仁义等内容,以此彰显佛教佐助王道教化的功能。道教与佛教在教义理论上本身就存在着差异,加之从狭隘的民族利益及民族心理出发,早期道教难以容忍佛教在华夏的盛行而影响自身的生存。于是,道教一方面声援儒家,共同反佛;一方面又调和道、佛,暗袭儒家,不断壮大自己。

从文化交流与互动的基本规律来看,三教间的互争互斥,一方面有利于三教进行知己知彼的再认识,另一方面又自觉或不自觉地促使三教相互间取长补短地进行优势互补,以便为将来的争论赢得更多的主动权。因此殊途同归成为三教在长期冲突交融过程中所形成的共识。

三教在人生问题上的相得益彰更是三教互补融通的最突出表现。因为三教的落脚点都是人,因此人生问题的一致是三教最为关心的根本问题。儒家崇尚的是修身、齐家、治国、平天下,积极进取的入世精神;道家奉行的是功成身退、独善其身的无为哲学;佛教呈现的却是物我皆空、随缘任运的人生境界。由此可知,现实人生的各种选择都可以在三教中找到相应的支撑。因此可以说,三教冲突与融合的基础在于三教内容和形式上的相异,而正是三教之间相互吸引的相异性为三教的交流互动提供了可能性。又由于现实人生的需要具有复杂性,而三教又恰到好处地为现实人生提供了多层互补选择,满足了不同人生的各种需求,因此,在人生问题上相得益彰的互补与合作又为三教相互依存提供了必要性。所有这些可能性、必要性及三教历史发展的必然趋势,都为三教的交融和互助奠定了坚实的基础。道教走上了官方化道路,教义理论水平获得了较大的提升;佛教走上了中国化之路,在强大的中国文化市场稳稳地占据一席之地;儒家也获得了比较开阔的文化视野,逐渐克服了独尊排他的狭隘心理。

从此,儒、佛、道三教共同组成中国传统文化的主体,成为中国系统文化空间的三个文化场。在现实性和超越性之间，三者基本上形成了互斥互摄的不断冲突与交融的一种多元互动的良性机制，具有向心性、多元性、互动性等主要特点。"其中儒道互补成为中国文化的基本脉络，一阴一阳，一虚一实，既对立又统一，推动着中国文化的发展，同时保持着一种平衡，避免走入极端。在此基础上有佛教文化进入，形成三教之间的互动，更增强了中国文化的灵性和超越精神。"三教在排斥又互补与独立又交融的矛盾推演中不断发展壮大起来，并逐渐形成相互依赖、不可分割的一体化关系，这也许是多元文化碰撞过程中所表现出来的某种内在的必然的结局。

知识链接

禅宗与心理学

据说"文革"期间，某大学中文系的愁教授与音乐系的乐教授同时被下放到农场，从事锄草、扫地工作。愁教授觉得斯文扫地，郁闷不已，终于在一个凄风冷雨的夜晚悬梁自尽了。而乐教授在"文革"后重回大学讲台，学生们发现他经过多年磨难，精神不但没有萎靡，反而更加神采飞扬，便问起个中因由，乐教授哈哈一笑说："我锄草、扫地时，用的节奏是4/4拍，那可是最欢快的节拍，许多圆舞曲用的都是这个节奏"。这个故事让我想起了"文革"期间投湖自尽的老舍先生，与夫人双双自尽的傅雷先生，也想起了被剃阴阳头仍要把自己打扮得整整齐齐的杨绛先生。当厄运不期而至，灾难突然降临时，选择死亡或选择好好活着，都是为了维护做人的尊严。但是生命毕竟是宝贵的，失去了将不复再有。

禅宗说"智者转心不转境，愚者转境不转心。"智者通过"转心"来转化心态，把恶劣难以改变的环境，转变成对自己有利的环境。而愚者只知"转境"，被外在环境所控制，不懂得通过改变自己的心态来改变对外在事物的认识。无独有偶，心理学上有个ABC理论，A是诱发性事件，B是对该事件的认识，C是引起的情绪困扰和不适行为。一般我们认为是A导致了C，而ABC理论却认为是由B导致了C。举个例子说，你与某个同事迎面遇上，你跟他打招呼，他却不理不睬，扬长而去。这就是诱发性事件A，对A如何认识就是B，如果你认为"牛什么呀？这么瞧不起我！"这时出现的C就是你自己愤愤不平，敌意油然心生。如果你认为"也许他在想事，没看见我"或更洒脱地想"我打招呼就一定要别人回应吗？"如此想来，出现的C就是自己心平气顺，潇洒自在。

古老的东方禅宗与西方新兴的心理学理论，可谓是殊途同归。其实，内心觉悟，改变心态，不但面对困境受用无穷，而且面对顺境也自有妙用。正如用积极阳光的心态去面对事物，你将会发现生活中不是缺少美，而是缺少发现美的眼睛！

思维训练

1.结合知识链接中愁教授与乐教授的不同结局，说说宗教对于我们现实生活中看待困境有何影响。

2.在唐代,佛教的影响广泛且深刻,与其他朝代比,它无论从文人的人生观、文学的创作内容及形式上都产生了极大的影响。唐代著名诗人王维在中国诗史上是一位有独特风格、独特贡献的大诗人,同时又是一个虔诚的佛教徒。请选读王维的诗,并试着阐述佛学(特别是禅学)的理性境界、处世态度、修养方式、思维方法乃至经典故事对王维创作的影响。

第十章 宋明理学与明清实学

哲学故事

缺角的圆

有一个圆，被切去了好大一块的三角楔，想自己恢复完整，没有任何残缺，因此四处寻找失去的部分。因为它残缺不全，只能慢慢滚动，所以能在路上欣赏花草树木，还和毛毛虫聊天，享受阳光。它找到各种不同的碎片，但都不合适，所以都留在路边，继续往前寻找。

有一天，这个残缺不全的圆找到一个非常合适的碎片，它很开心地把那碎片拼上了，开始滚动。现在它是完整的圆了，能滚得很快，快得使它注意不到路边的花草树木，也不能和毛毛虫聊天。它终于发现滚动太快使它看到的世界好像完全不同，便停止滚动，把补上的碎片丢在路旁，慢慢滚走了。

哲学观点

事物总是相对的。老子说："有无相生，难易相成，长短相形，高下相倾，音声相和，前后相随，恒也。"当人们运用有限的范畴去把握"世界"时便会陷入矛盾，即"二律背反"。同一事物从不同的角度出发会得出不同的观点。

导　言

宋明理学，是一个特定的概念，是指我国封建社会后期特别有影响的哲学思维形态。程朱理学与陆王心学都极力注重社会秩序的建构和理想人格的培植，以期达到封建统治阶级理想中的和谐社会状态，它被统治阶级捧为官方哲学长达六、七百年之久，影响着我国经济、政治以及文化思想的发展。

第一节　程、朱的理学——续千年绝学，开万世太平

理学是宋明以后中国古代学术上长期占统治地位的思想。理学的全称叫"义理之

学"，"义"是其政治思想，"理"是其哲学思想，故称其为"理学"。理学是我国古代的一种唯心主义哲学。它强调"存天理，灭人欲"，对人与人之间的相互关系做了深入的研究，提出了一系列重要的道德规范和修养方法。

一、二程的天理论

二程（程颢和程颐）的天理论是以"理"为中心观念的体系，程颢哲学的主要倾向是主观唯心主义，程颐则主张客观唯心主义。二程认为世界的根源是"理"，也叫作"道"，也叫作"天理"。他们提出"理"来把封建的伦理道德普遍化、永恒化，为巩固封建制度和官僚地主阶级的统治地位制造理论根据。

（一）程颢对"理"的论述

程颢提出了"天者理也"的命题。他认为所谓"天"，指最高实体，认为"天即是理"，就是认为"理"是最高实体。他又说过："吾学虽有所受，天理二字却是自家体贴出来。""天理"二字是他自己体会出来的，这是他的哲学体系的最高范畴。他认为这个"理"是永恒的，是客观存在的。这个"理"的一个重要含义是指伦理纲常。程颢说："为君尽君道，为臣尽臣道，过此则无理。""父子君臣，天下之定理"。这里"理"的内容就是社会关系、人伦关系的伦理准则。程颢的"天即是理"的学说的意义之一就是把封建伦理关系神圣化，把维护封建君权和父权统治的道德法则看成是永恒的绝对的真理，看成是世界的唯一根源。

（二）程颐对"理"的论述

程颐认为"理"是万事万物所根据的法则，是物质世界的"所以然"。程颐肯定万物都有理，他说："天下物皆可以理照。有物必有则，一物须有一理。"这个"理"就是事物的所以然。他认为，万物各有其理，但在根本上，万物之理只是一个"理"。程颐曾提出"理一分殊"的说法，认为万物之理是一个，而每一物又彼此不同，互有分别。"理"作为事物的规律，不是一个实体，认为它是实体，那是将事物的本质属性与事物本身割裂开来，即把规律与事物割裂开来，这是一种理一元论。

二、朱熹的理一元论

朱熹发展了二程的理一元论，将理作为自己哲学思想体系中的基本范畴，建立了一个完整的客观唯心主义体系。这主要体现在他对理、气的关系，心性之学、天命之学的统一的论述上。

（一）理与气的关系

朱熹认为理与气不能相离，他说："天下未有无理之气，亦未有无气之理。"在理气二者之中，理是第一性的，气是第二性的。他说："有是理便有是气，但理是本。"也就是说理是最根本的、最主要的。从朱熹的哲学体系看，一方面他说"理"和"气"本无先后，另一方面又说"先有是理"，其实，朱熹说"理"与"气"本无先后，是就构成事物的时间上说的，一事物成为一事物，同时具有"理"和"气"两个方面，不得有先后。但是，朱熹还是强调地指出了"理""气"的先后问题。他认为，从形而上和形而下的关系看，从根本上看，是"理"先于"气"的。这里"理"先于"气"不是指构成事物的时间上的先后，而是指从逻辑上、道理上说

"理"是在先的。朱熹的这一观点主要是在论证理是第一性的,气是第二性的。

(二)心性之学、天命之学的合二为一——理

朱熹认为"在天为命,在义为理,在人为性,主乎身为心,其实一也"。这样达到"心性之学"和"天命之学"的合二为一,而贯穿其中的轴心就是"性者心之理"。朱熹更进一步指出"未有这事,先有这理。如未有君臣,已先有君臣之理;未有父子,已先有父子之理"。也就是说,在具体的君臣、父子等封建伦理纲常形成之前,就已存在着君臣、父子等封建道德原则。不管具体的君臣、父子如何变化、生灭,这些原则是永恒的、不变的,具体的君臣、父子等封建关系,都是这些永恒不变的原则体现。同样,其他一切具体的万事万物,也都是由万事万物的理所决定的。综上所述,朱熹哲学的核心是"理",也就是说"理"是其哲学的出发点和归宿。

程朱理学继承孔孟道统,专讲义理性命之学。程朱理学思想体系的核心是"理"。这个"理"包蕴、涵盖两个方面的内容:一是"天理",即在物之理,指宇宙的本原和事物的法则及其规律性;二是"性理",即在人之理,指人的伦理道德,即天理在人内心的体现,也即所谓"性即理""心即理"之理。程朱理学的核心课题就是人性论。它的基本特征是将人际伦理关系提升到宇宙本体论的哲学高度来重整以人际伦常秩序为轴心的孔孟之道。程朱理学是以一种道德自律为基础的实践理性哲学,基本上可视为情感型的道德哲学,而绝非理智型的分析哲学。程朱理学以寻求人的感性道德自觉、确立人的道德主体性为根本,以揭示人生的意义和价值,解决人自身的安身立命问题,并以此作为人的精神家园,作为人的终极关怀。今天,我们考察程朱理学的这个"宇宙之间,一理而已"的"理"的最便捷的途径,便是分析其如何解决"天理"与"人性"的关系,也就是"天理存则人欲亡,人欲胜则天理灭"的二律背反。

第二节 陆、王的心学——知行合一观

宋明理学派系的争端集中地体现在"理学"与"心学"之争上。心学的创始人陆九渊与心学的继承者王阳明在与程朱理学的辩论中,其心学的本质特征得到了充分的展现。

一、陆九渊"心即理"的宇宙观

陆九渊提出"心即理也"的命题,他说:"人皆有是心,心皆具是理,心即理也。""心即理"的命题是指本心即理,本心的概念出于孟子,陆九渊认为本心即是道德原则。他又把心看成与宇宙同其大,与宇宙之理是同一的。他又说:"心,一心也;理,一理也。至当归一,精义无二,此心此理实不容有二。"这主要是在说,人人的心只是一个心,宇宙的理只是一个理。从最根本处来讲只有一个东西,不应该把心与理分开,所以心就是理。陆九渊"心即理"的命题,是主观唯心主义。这种主观唯心主义的认识论,其根源在于无限夸大心的思维作用和人的道德意识,以致否定了客观世界和客观规律的独立存在,而把心看成唯一的实体。

陆王心学主张事物的法则并不在主体的意识之外,而就在人心之中。换言之,心就是事物的法则,"心即理"。陆王心学"心外无理""心外无事""心外无物"的命题为主体在道德实践与修养中的能动作用和地位设置了理论前提,表明封建伦理规范与道德准则并非由外部现成地提供给主体,并对主体具有强制力的固定规则,而是依赖于主体,只能由主体去实现的存在,是主体可以自由选择、自行努力的方向和准则。

二、王阳明的"知行合一"观

王阳明继承并发挥了陆九渊"心即理也"的见解,否认心外有理。他指出朱熹的错误就在于把心与理分别为二。他认为封建道德观念就是人人心中固有的先验的意识,就是心中之理,这心就是一切的根本。因此,他认为我们认识一切事物及其规律只能通过自己体认,进行自我认识。于是他提出了知行合一的命题。

(一)"知行合一"四句说

王阳明认为,认识都来自内心,不承认外在世界是认识的源泉,当然也不会承认实践是认识的基础。但是他又提出"知行合一"观,这在他的主观唯心主义哲学中是不矛盾的,而且是他的思想的重要组成部分。他反对程朱学派的知先行后论,强调知与行不能分离。他曾说:"知是行的主意,行是知的功夫;知是行之始,行是知之成。若会得时,只说一个知,已自有行在;只说一个行,已自有知在。"也就是说,知是行的主导,行是知的体现,知是行的开端,行又是知的完成;知中含行,行中含知。王阳明的知行合一论与其心即理的观点是相互连接的。他明确地说:"外心以求理,此知行所以二也;求理于吾心,此圣门知行合一之教。""知行合一"就是"求理于吾心",所以,王阳明所谓的知指道德意识,不是我们所谓的认识;他所谓的行指内心世界的道德修养,不是我们所谓的实践。他所谓的知行合一,就是强调道德意识和道德修养是一回事,教人把道德观念和道德修养密切结合起来,而不是讲认识与实践的关系。

(二)知行合一思想的主要意义

王阳明知行合一思想的主要意义就是把封建的道德观念说成一切人心中固有的先验原则,这样给予封建道德以内在的依据,使封建道德重新在人心中生根。他企图用这种说教来维护当时的中央集权的封建专制主义的社会制度。王阳明的主观唯心主义特别强调个人的主观能动性,富于诱惑性和吸引力,在明代后期产生了极大的影响。在晚明时期陆王学派的心学广泛流行,一度几乎取代了程朱理学的地位。

20世纪以后,知行合一思想的研究又有了新的进展,对建设和谐社会有一定借鉴意义。在物质生活较为丰富,而人们的精神生活却日显贫乏、道德标准缺失的今天,在构建和谐社会的过程中则尤有借鉴的必要。

第三节 明清实学——帝国末日的余晖

明清实学,是我国学术史上特定历史时期的产物,是含有特定历史内容的学术思想形态。它最初主要是针对宋明理学的日趋空疏衰败,尤其是阳明心学的禅化而提出的,至明代后期而蔚然形成了一股内容深刻丰富、影响广泛而又深远的学术思潮——"明清实学思潮",将中国儒学由宋明理学推进至又一新的阶段。

一、明清实学思潮的主要特征

宋明理学家也讲实学,但明清实学不同于宋明理学家所谓"实学",有其独特的社会内容和时代特征。它的基本特征是"崇实黜虚",所谓"崇实黜虚"就是鄙弃空谈心性,而在一切社会领域和文化领域提倡"崇实",即"实体""实践""实行""实念""实言""实才""实证""实事"等。明清的实学是当时地主阶级改革派的自我批判和市民意识的表现和反映。它是作为以空谈心性为基本特点的理学的对立物而产生的。它要求打破陈腐的经学、理学、以及旧礼教、旧传统的束缚,为解放生产力和推动社会前进开拓道路,扫清障碍。

二、明清实学思潮的发展阶段

明清的实学思潮,由 17 世纪初的明末东林学派开其端绪,至 19 世纪 60 年代初的清朝道光、咸丰年间(1821—1861)遂告结束而进入近代的"新学"思潮。它经历了三个发展阶段。

(一)明清之际实学思潮的兴盛时期

从明代万历中期以后至清代康熙前期,是我国历史上"天崩地解"的大动荡时代。在此时期,封建地主统治阶级和广大农民阶级的矛盾以及国内民族矛盾空前激化,导致农民大起义和民族战争的络绎不绝;在江南各地,还爆发了相当规模的市民阶层的反抗运动。尤其是明王朝的覆亡,对士大夫阶层是一个极其沉重的打击。他们痛定思痛,进行深刻的自我反省,总结明亡教训,憧憬未来的理想社会。地主阶级革新派和新兴市民阶层这两股势力的汇合,构成了明末清初实学思潮兴盛的主要社会基础。加之此时"西学东渐",西方文化对中国传统文化的冲击碰撞,开始了中西文化的交流和融合,这对实学思潮的兴盛也起到一定的刺激和促进作用。

士大夫中的一批优秀分子如顾宪成、高攀龙、黄宗羲、顾炎武、方以智、王夫之、傅山等,面对当时国危民艰的局面,他们把"程朱理学"与"陆王心学"的空疏、教条看作是导致国弱民贫的重要原因。为了救亡图存、济世救民,他们竭力提倡"治国平天下"的有用之"实学"。例如:王夫之一生坚持爱国主义和唯物主义的战斗精神,一反晚明空谈不实之风,力辟陆王、侧击程朱,提出"明人道以为实学,欲尽废古今虚渺之说而反(返)之实",从而终结了宋明理学。他对经学、史学、天文、历算都深有研究,并在此基础上总结和发展了我国古代唯物主义和朴素辩证法思想,建立了自己独具特色和博大精深的唯物主义思想体系。明清之际实学思潮中的"经世致用"和倡导"实学",成为这一思潮的主要特征。

(二)乾嘉时期"实证求是"之学的高度发扬

明清之际的实学思潮发展到康熙后期,即趋于低落态势,失去了批判的锋芒和启蒙精神的色彩,逐渐由"说经皆主实证"的乾嘉考据学占据了学术界的统治地位,显示出"实证求是"的实学特征。明清之际实学高潮中对理学的猛烈抨击,和以"经世致用"、倡导"实学"为主要特征的实学思想广泛而深入的发展,表明理学作为思潮已经走到了尽头。而清初统治者为了巩固其统治,仍大力提倡理学。在明末清初初露光彩的早期启蒙思想,则由于缺乏成长的土壤,也未能得到进一步的发育。这是与清朝统治者实行压制资本主义萌芽成长的政策,以及推行封建文化专制的加强和高压政策相关联的。历史条件的局限,使清初的这些批评击理学的思想家们不可能建立新的学术思想形态。在文化专制主义的高压下,顾炎武等只得转向"尊崇节义,敦励名实"的东汉古文经学,意图从经学的研究中找到治世的真理和方法,以复古为维新。这种复兴经学的倾向,使知识界转向朴实考据经史的治学途径,并为之后乾嘉考据学的兴起,提供了学术自身发展的内在依据。

(三)道光、咸丰时期实学思潮的再度高涨

道光、咸丰时期(1821—1861),清王朝日趋腐败,西方列强的入侵,使我国逐步陷入半封建半殖民地的苦难深渊,中国遭受了空前深重的社会危机和民族危亡的灾难。严重脱离社会现实的乾嘉考据之学已经日益不能适应内忧外患相逼而至的局面。于是,在士大夫中涌现出龚自珍、魏源、林则徐、包世臣等一批远见卓识之士。他们比较敏锐地感触到时代的忧患,开始敢于正视晚清社会政治现实的黑暗面;他们痛恨清王朝的腐败,注意了解世界情况,要求改革和抵抗外来侵略。因此,他们在学术上对汉学家沉溺于名物训诂而无力解决现实社会中的迫切问题十分不满;他们推崇明末清初经世实学的优良传统,并由此而掀起了一股改革图强以抵抗外来侵略的爱国热潮。这股热潮使学风为之一新,它既是对当时学术界占统治地位的乾嘉学派的抵制,也是明末清初实学高潮的复兴和发展;然而,它又是整个明清实学思潮的终结和迈向近代的前夜。

三、明清实学思潮的历史作用

明清实学思潮曾经在我国思想学术史上起过相当重要的历史作用,对于近代思想学术无疑也产生过积极而深刻的影响。它的爱国"经世"的优良传统,务实革新的精神和求真求是的学风,对于当前正在进行的有中国特色的社会主义建设,也具有可资借鉴的现实意义。

知识链接

实用、实践与实学

1. 什么是实用?

实用主要是指事物在被人们利用或使用的过程中具有实际的使用价值,事物或产品能够发挥它的积极作用。实用一词现在被广泛地用于人才的定位上。国家越来越重视对实用型人才的培养,社会最需要的也是实用型人才。职业教育是培养实用型人才的重要途径。

2. 什么是实践?

实践有着诸多的含义,经典的观点是主观见之于客观,包含客观对于主观的必然及主观对于客观的必然。在恩格斯的自然哲学中揭示人的思想产生于劳动即人的主观意识产生于人的实践行为,同时人的主观意识反作用于客观存在。马克思主要强调人的社会实践,强调实践的社会性。

3.什么是实学?

中国实学,实际上就是从北宋开始的"实体达用之学"。但明清之际是中国实学发展的高潮时期。从学派归属上,明清实学是中国古代儒学发展的最后历史阶段和独立发展形态。它既是对先秦、汉唐儒学的基本价值理念的继承和发展,又是在同佛、老的辩论中产生和发展起来的。尽管它在同佛、老的辩论中吸取了佛、老的某些合理思想,但本质上属于儒家流派,而不是佛家和道家。

实学在现代的含义就是思想知识在实践中的实用。在现代得到发展,成为具有现代新意的学说"实用成功学",也简称实学。实用成功学由学者邹金宏创始,并得到逐步完善。实用成功学提倡的均衡成功观点,提倡实用的成功方法,注重人信念、潜能、方法、行动和客观条件。这一理论体现于邹金宏的《与成功有约》《实用成功学》。实用成功学博采众长,是一种较新的成功学体系。

思维训练

1.请说出实学在行业领域中的用途,看谁说得最多。

2.请说出实学对当今民族发展起到什么样的作用。举例说明。

3.朱熹对"知、行"关系的总看法是:"知行常相须,如目无足不行,足无目不见。论先后,知在先;论轻重,行为重。"齐齐哈尔工程学院在教育教学过程中注重理论与实践相结合,创设了"第三学期",提倡"学做合一,手脑并用"。对比分析此教育观念与朱熹"知行观"的异同。

下　篇

工程哲学

第一章 绪 论

工程师与哲学家

一位工程师和一位哲学家结伴旅行。一天,哲学家在宾馆里写旅行日记,工程师则独自去逛街。忽然听见一位老妇人叫卖:"卖猫了!谁来买我的玩具猫?"只见老妇人身旁摆着一只黑色的玩具猫,标价500美元。老妇人解释说,这只玩具猫是祖传宝物,只因孙子病重,不得已才卖掉,筹措住院治疗费。工程师用手掂量这只猫,感到猫身很重,看起来像是黑铸铁的。不过,那一对猫眼则是一对珍珠,于是工程师以300美元买下了那对猫眼。他回到宾馆,高兴地对哲学家说:"我只花了300美元竟然买下了两颗硕大的珍珠!"

哲学家一看这两颗珍珠至少要值上千美元,忙问是怎么回事。待工程师说完缘由,哲学家忙问:"那位妇人是否还在原处?"工程师答道:"她还坐在那里,想卖掉那只没有眼珠的黑铁猫"。听完,哲学家忙跑到街上,用200美元买下了铁猫。工程师见后,嘲笑道:"你呀,花200美元买个没眼珠的铁猫!"

哲学家找来一把小刀,用小刀刮玩具猫的脚,当黑漆脱落之后,露出的竟是黄灿灿的一道金色的印迹。他高兴地大叫:"正如我所料,这猫是纯金的!"

原来,当年铸造这只金猫的主人怕金身暴露,便将金猫涂上黑漆,变成了黑铁猫。现在轮到哲学家来嘲笑后悔不已的工程师了。

唯物辩证法告诉我们,事物之间的联系不仅是普遍的、客观的,而且是多样的,因此必须对事物进行全面的分析,善于从整体上把握事物之间的联系。工程师在改造世界的同时,应该具有哲学家的整体思维,要透过现象看本质,才能完成改造世界的任务。

现代社会生活中,工程无处不在。人们对工程的存在自觉进行哲学反思使得继科学哲学、技术哲学之后出现了工程哲学。工程哲学的根基源于实践,人们对工程主客体认识的反思、工程对社会需要的满足关系和满足程度等都是工程哲学研究的范畴。

第一节　工程哲学本体论——我造物故我在

一、工程与工程哲学

在我国飞速发展的现代化建设中，人们不断地从事着大大小小的、有形的和无形的工程建设。我们常说的工程是指与改造自然界有关的东西，如桥梁公路、高楼大厦、水库水坝等。这类工程被列入自然科学范畴，属于自然工程。除了自然工程之外，还有许多与改造人类社会有关的东西，即社会工程，如"希望工程""211工程"和"985工程"等，这些不仅是具有一定规模的建造活动，而且是具有综合性、复杂性、系统性的工程。

（一）工程

工程是指以科学理论为指导，以技术为中介，设计和营造较大规模的人工物或人工世界的项目活动和过程。工程可以理解为一种大规模组织相关技术人员为了一个共同的目标，在一定时间内从事技术劳动的技术活动形态。工程活动的核心是建造一个新的存在物，典型特征是创造一个超越现实存在的世界上原本没有的存在物。工程是直接的生产力，工程活动是人类社会存在和发展的实践活动。

广义的工程包括自然工程和社会工程。自然工程和社会工程是不可分割的，两者统一于人们改造世界的伟大实践中。很多自然工程被包含在巨大的社会工程之中。例如，新农村建设是一项长期的社会工程，但其中却包含着改变农村面貌的建设，即自然工程。尽管如此，自然工程和社会工程仍有着本质的区别。其一，自然工程是指人们造物活动的过程，主要是改造自然世界。而社会工程是指人们对社会关系的调整过程，主要是改造社会世界。其二，自然工程改造、制造的是实体性存在，而社会工程改造或调整的是"关系"性存在，前者造物，后者改进社会关系。其三，自然工程的评价体系一般以物质、经济效益为核心，或者以效率为核心，而社会工程的评价体系一般以社会效益为核心，或是以文明水平为核心。其四，自然工程方法一般以自然科学方法和自然技术方法为主，而社会工程则以社会科学方法和社会技术方法为主。

（二）工程哲学

哲学是关于世界观和方法论的学说，是对自然、社会和人类思维一般规律的概括和总结。但哲学不能只停留在思考的层面，而要以行动改变世界，达到"知行合一"的境界。马克思在《关于费尔巴哈的提纲》中指出"哲学家们只是用不同的方式解释世界，而问题在于改变世界"。工程活动的核心标志是构筑一个新的存在物，创造一个新的世界，是将各类基本要素和各类技术加以汇集、创新的过程，并不是简单的叠加，而是通过工程实践认识客观规律，利用客观规律，按照人们的主观目的和特有的方式改变自然界和社会。在这个过程中，工程哲学便产生了，是以"工程实践"作为直接研究对象的实践哲学的一大分支。

工程哲学是关于工程活动的一般性质及发展的一般规律的哲学学说。工程哲学是在人们对自然工程、对社会工程的刨根问底、反复追问、追求理想的过程中产生的。实践是联系工程师与世界的桥梁。工程哲学不但反映客观世界中有关工程问题的规律,并提炼出范畴、概念,而且还要提炼、归纳概念自身的演变规律,进而进行引导性、前瞻性、批判性的思考。工程师的"构建性思维""设计性思维"和"实践性思维"体现了工程主体对实践理性的认识。工程哲学思维融合了知识内涵、实践内涵和价值内涵,是对工程思维的概括和提升,从哲学的高度认识工程、指导工程实践,达到为工程注入灵魂,让哲学充满色彩的目的。

工程哲学是针对工程活动进行研究的哲学分支,是研究人类为了满足自身需求改变自然和社会活动的哲学,包含了人类对依赖自然与社会、顺应自然与社会的发展规律、了解合理改造自然与社会的工程活动的总结性思考,它以人的造物和用物之间、生产和生活之间的哲学问题为研究的主要范畴。工程哲学是哲学家和工程师或工程共同体积极对话并旨在创造"好的工程"的问题,体现着人们在工程活动中生存与发展的大智慧。工程哲学的终极关怀就在于从工程表面的物或物化的关系看到作为人造物的工程与人的自由本质之间的关系,反对沉迷于物化,提倡通过建构工程并超越工程实现人的自由。

根据中国工程院院士段瑞钰等人在 2007 年版的《工程哲学》中的论述,工程哲学的研究包括以下几个方面的内容:(1)工程的定义、范畴、层次、尺度问题。(2)工程活动的社会地位和工程发展规律的问题。(3)对于工程理念、决策和实施问题作的理论分析和哲学研究。(4)对工程观、工程伦理、工程文化、工程美学问题的研究。(5)对重大工程案例的分析和对工程发展规律的研究。(6)对工程教育和公众理解工程问题的研究。

因此,本书力图从以下几个方面进行阐述:工程中的联系与发展、工程中的辩证法规律、工程中的认识论、工程中的方法论、工程中的社会观、工程与人类社会的历史发展、市场经济下的工程哲学、社会主义社会的工程观。在继承前人的基础上对自然工程和社会工程的实施进行思考和研究。

二、工程哲学本体论

本体论是关于本体的学说。它主要探究世界的本原或基质,探究天地万物产生、存在、发展变化的根本原因和根本依据。本体论研究的主要是"存在"问题,从思辨哲学的视角来看,人的思维证明了人的存在;从工程哲学的视角来看,造物活动的过程与结果,是人的思维力量的实在化、人的内在本质的外在化,从最直观的意义上揭示了人的本质与价值,即"我造物故我在"。对工程哲学的思考是在三元论的基础上提出的工程哲学本体论。

(一)三元论

科学是"考自然之理,立必然之据",是认识世界的学问,科学活动的主要特征是"探索"和"发现",科学是工程的理论基础和原则,没有科学理论作基础,工程的建造和工程活动将无法开展。例如,中国传统建筑以木结构为主,汉代已经形成。公元1100 年,宋代建筑师李诚编成《营造法式》,将官式建筑工程设计、施工予以规范化,这是世界最早的建筑标准化规范。北京故宫是中国传统木结构建筑技术的最高体现(近万间建筑没用一个钉子)。再看看四大发明对世界的贡献。马克思曾写道"这是预告资产阶级社会到来的三大发明,火药把骑士阶层炸得粉碎,指南针打开了世界市场并建立了殖民地,而印刷术则变成新教的工具,总的说来变成了科学复兴的手段,变成了对精神发展创造必要前提的最强大杠杆。"而纸的发明对人类的影响则如同计算机软、硬盘一样,影响是深远的。

技术是"据已知之理,求可成之功",是改造世界的方法,技术活动的主要特征是"发明""创新"。两个伟大的历史事件使 18 世纪成为光辉的世纪,这就是英国的产业革命和法国的大革命。1733 年飞梭的发明,使织布的速度变快,而纺纱的速度又跟不上了。经过几代人的改进,纺纱机从原来一次纺 1 根到 1751 年的 6 根,进而到 1765 年的 80 根,直至 1779 年时可同时纺 400 根。此时织布机又显得落后了。1785 年人们造出了动力织布机。新式的动力纺纱机和织布机的使用,使英国的纺织业迅速成为世界第一大轻工业。英国的瓦特从 1769 年到 1782 年,彻底改造了纽可门蒸汽机耗能高、效能低的问题,将其变成了一切动力机械的万能"原动力"。蒸汽机改变整个世界的时代到了,工业革命进入新高潮。

一般来说,科学作为自然知识的生产领域一向被称为学术殿堂或"象牙塔",技术则被称为自然科学的应用研究,至于工程则是技术进入经济乃至社会领域的实践活动。工程活动的主要特征是"集成"和"构建"。从唯物史观的考察来看:工程是人类生存、发展过程中的一项基本实践活动,在不同历史时期都是社会发展的直接生产力。有关自然的知识和活动应分为科学、技术、工程三元,从哲学层面上看,我们一般认为认识自然和改造自然的是科学与技术,而在人类认识世界和改造世界的过程中,造物与用物既是手段又是目的。以造物和用物为对象的工程哲学是与科学哲学和技术哲学处于同一个层次的哲学分支,三者被中国科学院研究生院的李伯聪教授称为三元论。只有廓清长期以来的三者之间的模糊关系,才能使得科学哲学、技术哲学和工程哲学的理论研究走向深入。

(二)本体论

本体论研究的主要是"存在"问题,是探究"存在者"何以"存在"的一种智慧,并与人们的价值观念和终极关怀紧密相关。如果把工程哲学比作一棵大树的话,那么工程本体论就是这棵大树的根基,工程认识论和工程价值论是这棵大树的两个主干,只有工程本体论根深,工程哲学这棵大树才会枝繁叶茂。

工程是人与自然、社会之间进行物质、能量和信息交换的载体,其核心是将二维生成三维、方案变为实体或存在物的建造活动。通过实践创造对象世界、改造无机界,人证明自己是有意识的类存在物。在工程实践中,人在改造客观世界的同时,也在改造自己的主观世界,工程反映了人的主观能动性与客观规律的统一。工程本体论主要就工程的含义、本质和特点,工程的分类,工程的划界,工程与科学、技术的关系,工程结构与功能,工程要素和工程系统,工程的地位和作用,工程与人、自然和社会之间的关系等方面的问题进行探讨和分析。

工程哲学以"我造物故我在"的思维方式去研究工程哲学,最大限度地突出曾经被以往哲学家所蔑视或漠视的造物活动及其主体的个体性以及社会地位和价值。工程哲学不仅是"反思"的哲学和"语言"的哲学,它更是"建设者"的哲学和"重建者"的哲学,就是关于反思和先思、建设家园和重建家园的哲学。人不但要思考(先思、行思和后思),而且要安身立命,人安身立命于天地之间,天地人合一,这就是工程哲学所要追求的最高意境以及终极价值和目的。

三、工程哲学产生的必然性

不同背景、不同类型的工程改变着人类世界,工程改变人类世界的活动,必须经过整体的、全局的、辩证的思考和设计,采取有目标、有计划的行动,才能达到目的。不能只行不思,也不能只思不行。没有哲学视野的工程师的活动势必带来问题,诸如带来的自然问题中的水土流失、土地沙漠化、环境污染与破坏等,带来的社会问题中的道德失范、诚信缺失、假冒伪劣的泛滥等,而解决问题的关键在于必须培养工程师的哲学思维。只有从哲学的高度理解、审视和指导人类的工程活动,才能达到工程与人、工程与社会以及工程与自然之间的和谐统一。总之,工程哲学的兴起是时代发展的必然要求,卓越的工程师必然是"后现代世界里未被承认的哲学家"。

第二节 工程哲学实践论——真理、价值、理想的关系

一、工程哲学研究的基本问题

工程哲学是关于整个工程领域的哲学理论,是关于重大工程问题和工程共同规律或一般规律的哲学思考。工程哲学以工程为研究对象,从哲学的高度解析和阐释工程本质和特征、工程结构与功能、工程建构与结构、工程演化、工程发展规律、工程创新机制、工程史,以及工程与人、自然和社会之间的关系。工程哲学的研究内容涉及工程史、工程本体论、工程认识论、工程价值论、工程方法论、工程发展论、工程伦理学、工程观。而本书的研究内容涉及工程本体论、工程认识论、工程价值论、工程方法论以及工程中的辩证法。

马克思主义以及以往的哲学,其对象、内容和体系的展开均以真理为核心,很少就模式问题进行讨论。但是,20世纪下半叶以来,科学、技术、经济、社会、文化一体化发展的趋势,各种大型工程的出现,社会制度及其不同模式的实现情况,中国改革开放以来的成功经验等都在承认坚持客观真理的同时,提出了真理的实现方式和模式问题。这正是工程哲学的核心问题。

工程活动的重要特征是创造一个新的存在物,新的存在物是各种规定的总和,包括规律的规定、价值的规定、理想的规定。工程哲学首先就要处理好不同规律之间的互动和相互关系,这就涉及方法论的问题。其次,工程创造的新的存在物处于不同价值取向之间,工程哲学就要研究协调不同价值冲突的问题。再次,工程创造物的理想状态的设定问题存在着层次与水平的差别,工程哲学要处理好理想与现实的关系问题。工程哲学要处理好这三类问题的核心就是模式的设计。规律、价值、理想这三个不同的维度,制约着模式设计。

工程哲学的基本问题是围绕着模式设计与创造为核心的真理、价值与理想之间的关系问题,它的目的是要回答"人应该怎样做"的问题。在人类的思维方式中,如果只注重真理性规定,忽视模式创造,容易陷入科学主义和教条主义的泥坑,如果只注重模式,忽视真理性规定,容易误入实用主义的歧途。

二、三种实践活动与三种哲学范畴

实践不仅是人类对自然世界的适应、依赖、生产和改造,还是人类对社会世界的适应、依赖、生产和改造;生产不仅有物质资料的生产,还有社会关系的生产、人类精神的生产和人类自身的生产。所以,作为实践转化和典型形态的工程不仅包括自然工程,还包括以适应、依赖、建构和改造社会关系为目标取向的社会工程。

科学发现、技术发明、工程活动是三种不同类型的社会实践活动。科学活动的本质特征是反映存在的;技术活动的本质特征是探寻变革存在的具体方法;工程活动的本质特征是构建一个世界上原本不存在的存在物。相对于科学发现过程,研究科学认识过程中的哲学问题,形成了科学哲学;相对于技术发明过程的哲学问题,产生并形成了技术哲学。同样的,相对于工程设计与工程活动,产生和发展了工程哲学问题。

科学哲学着重研究人类认识世界发展的一般规律,以科学为研究对象,核心问题是因果论问题;技术哲学研究人类知识世界的应用和发展的一般规律,以技术为研究对象,关注造物活动是技术哲学研究的主要内容;而工程哲学则着重研究人工世界发展的一般规律,以工程为研究对象,以反思造物为核心。工程哲学的研究对象中囊括了客观世界、主观世界、知识世界和人工世界四个研究对象,其中人工世界的研究对象具有划时代的意义。

人类历史特别是进入工业文明以来的社会历史发展证明,人类的社会实践改造史,就是一部工程史。正是无数个工程项目承载和推动着人类社会从农业文明进入工业文明和后工业文明。如果说第一次浪潮的财富体系主要是基于种植农作物,第二次浪潮的财富体系基于制造东西,那么第三次浪潮的财富体系就是越来越基于服务、思考、了解和试验。从人类财富体系的演变可以看出,不同的文明时代有不同的工程来支撑,但基本趋势就是工程性,即规划性、设计性、科学性、技术性越来越强,工程的这种实践形态也就越来越需要哲学的理论指导和支撑。

三、工程哲学实践论的含义

工程哲学是哲学从理论哲学向实践哲学的转向,是实践哲学具体化延伸的一种必然结果,它首先不仅仅是理论问题,不是认识世界的哲学所能解决的,而是实践的问题。工程哲学的灵魂是理论联系实际,相应地,工程哲学的基本问题也应该从实践方面来着眼,并且要坚持真正的实事求是的唯物主义原则。

人在实践活动中以主观的意图、计划改造自然,建立自然,这一过程无疑早已将价值因素加入了认识之中,这种实践中展现的真理本身就具有价值。我们在工程世界里追求的,不是真假对错的真理观,而是最优的真理观,在工程实践中真正体现了真理和价值的统一,这种统一是基于主观与客观的统一,而主客观统一本身就是实践中的哲学基本问题。

实践论主要通过关注工程的实践特质来进行定义,比较典型的定义方式有两种:一种是基于人与物的关系,如"工程哲学的基本问题是人能否改造自然界(世界)和怎样改造自然界(世界)",另一种是围绕造物的基本特性——模式设计,"工程哲学的基本问题是围绕着模式创造为核心的真理、价值与理想的关系问题展开的"。实践论定义为它发展为应用哲学提供基本的理论框架。只有将工程哲学放到实践哲学的大背景下,对其中所必然生发出来的哲学基本问题进行论证,才能为工程哲学找到可靠的根基,从而防止其失去应有的哲学意义。

第三节　工程哲学认识论——对工程主客体认识的反思

一、认识与工程

认识是主体对客体的反映过程,工程是主体对客体的改造过程,认识与工程是相互联系,密不可分的。认识以工程为基础,工程以认识为指导。认识活动和认识过程是以"外物"的存在为前提的,认识过程从感觉开始,借助于逻辑和直觉等思维方法,经过复杂的思维过程,最后达到理性认识的阶段和水平,以获得真理性的认识。认识活动是以真理为定向的,评价认识活动的标准是实践标准。工程过程是以人的目的或目标的存在为前提的,工程过程从目的、计划和决策开始,在自然工程活动中,工程主体按照一定的程序使用物质工具对原材料进行一系列的操作和加工,制造出合格的物质产品,这个过程最后是以在消费和用物的过程中,在生活中实现人的目的而告终的;在社会工程活动中,人们根据自己的目标改造社会世界,调整社会关系,协调社会运行。工程活动是以价值(广义的价值)定向的,在工程活动中的人与物的关系是价值关系,评价活动的标准是价值标准。

由于认识活动和工程活动是性质完全不同的两种活动,这种研究对象上的不同也就成了形成两个不同的哲学分支的内在要求,即一个以认识过程为己任的哲学分支和一个以研究造物过程为己任的哲学分支,研究认识过程的哲学分支就是认识论,研究造物过程的哲学分支就是工程哲学。

二、哲学认识论和工程哲学认识论

马克思主义哲学认为人的认识能力是在实践中形成的,而工程实践是人类最重要的实践之一,工程实践同样是认识的基础,是认识的重要来源和发展动力,并促进了人类社会的发展。

(一)哲学认识论的主要范畴

哲学认识论研究的基本问题是人能否认识世界和怎样认识世界的问题,它要回答世界"是什么"的问题,主要范畴是感知、经验、理性、感性认识、理性认识、先天(先验或验前)、后天(后验或验后)、归纳、演绎、思维方法(思维工具)、概念、判断、规律、真理、认识阶段、真理标准等。

(二)工程哲学认识论的主要范畴

工程哲学认识论研究的基本问题是人能否改变世界和应该怎样改变世界的问题,它要回答"人应该怎样做"的问题,主要范畴是目的、计划、边界条件、时机、决策、合理性、原材料、组织、制度、规则、(物质)工具、机器、操作、程序、控制、半自在之物(半为人之物)、人工物品、作为废品和污染的自在之物、意志、价值、用物、异化、生活、自由、天地人合一等50多个有别于其他学科并被以往的哲学研究所忽视的基本范畴,这些范畴的内在联系确立了工程哲学的理论体系。

工程哲学不仅仅是研究人工物品的哲学,它更是研究人的本性的哲学。马克思说,工业的历史和工业的意境产生的对象性的存在,是一本打开了的关于人的本质力量的书,是感性地摆在我们面前的人的心理学。也就是说,人如果不从事造物活动,那么人的本质力量是无从展开的,哲学家如果不去研究工业的历史和工业的已经产生的对象性的存在,那么他们是不可能真正认识人的本性的。

三、对工程主客体认识的反思

马克思主义哲学告诉我们:人是有思维意识的动物,思维意识在工程实践中具有能动作用。例如:蜘蛛的活动与织工的活动相似,蜜蜂建筑蜂房的本领使人间的许多建筑师感到惭愧。但是,最蹩脚的建筑师从一开始就比最灵巧的蜜蜂高明的地方,是他在用蜂蜡建筑蜂房以前,已经在自己的头脑中把它建成了。劳动过程结束时得到的结果,在这个过程开始时就已经在劳动者的表象中存在着,即已经以某种观念存在着,工程主体对客体的认识具有设计性和建构性。

从工程活动的主体看,包括工程师、企业家、投资者、管理者、工人等,进行工程认识和思维的主要人群集中在工程师、企业家、管理者和工人中。工程主体不是一个人,而是一个集团,是工程活动的主导者、规划者、操作者和创新者,工程主体对于工程客体的认识,以目标的形式反映在工程上,引导工程发展的方向。工程客体是指在工程活动中进入工程主体活动领域,接受工程主体运作,以人为中心的对象系统。这个对象系统是以人为中心,包括事在内的统一体,指的是工程主体所运用和指向的营造工程所需要的实体性存在和关系性存在。工程主体能够认识和改造工程客体。工程师设计一座桥梁,是人们在认识世界的基础上的对于客观世界的改造,是创造现实和塑造现实。

工程思维是一种独特的思维活动,工程思维和现实世界相互关系的核心是"设计性"和"实践性"关系,它既不同于科学思维和现实世界的"反映性"关系,又不同于艺术思维和现实世界的"虚构性"关系。工程思维具有科学性、逻辑性、艺术性、运筹性、集成性、可靠性和容错性等特点。工程思维活动不但具有知识内容,而且具有价值内容和意志因素。我们应该从价值理性和工具理性的统一、个性思维与共性思维的统一、想象思维和操作性思维的统一、理想性思维和现实性思维的统一、知识性思维和意志性思维的统一中认识和把握工程主客体的关系。

第四节　工程哲学价值论——关于工程价值的 反思与使命的陈述

一、工程价值

价值是客体满足主体需要的一种关系,工程价值就是工程对社会需要的满足关系和满足程度,指工程对社会所具有的意义关系。对工程价值的追求是工程活动的目的和最终动因,是主体对工程态度的根源。人们把握世界的方式主要有工程、技术和科学三个维度,它们都是满足人的不同需要、创造价值的活动,工程活动所创造的工程价值是最基础和最基本的价值,也是最重要和最根本的价值。

工程价值在构成上是分层次的,包括功利价值(或工具性价值)和超功利价值(或人文价值),前者凸显了工程的实用性或实效性,是工程得以实现的前提和基础,后者反映出工程的人性表达和人文价值——满足人的真、善、美的需要以及自由的欲求,是衡量、评价工程品位与档次的尺度。工程要求真,是指工程具有真理的价值性;工程要求善,是指工程行为要有道德;工程要求美,是指塑造和表现工程的美。真善美的追求是一个和谐的整体,也是我们追求价值的最高境界。

工程实践介入不同的领域,工程目的不同就会产生不同的工程价值,如工程的经济价值、工程的政治价值、工程的生态价值、工程的军事价值、工程的社会价值以及工程的文学价值等。一般工程总是包含着多种价值,这也是由工程活动中利益主体的多元化以及工程的内在要求所决定的,但在不同领域的工程活动,都有其主导的价值。

二、工程价值观

工程价值观就是工程主体关于工程意义的信念、信仰的总和及社会对工程价值选择的规范性见解以及个人和社会选择工程的思想和行为的评价标准、尺度和根据的总观点。人们有了工程价值观,才能去选择自身的生存状态、行为模式、交往原则和自我实现的方向。但是,工程价值观是后天在社会环境中形成的,是可变的。不同的个体和群体会有不同的价值规范、价值取向、价值认同、价值选择,会产生多元多极的价值体系,从而会引发激烈的价值矛盾、冲突。在工程活动中,应使人们的价值趋同,但也应允许有个体的价值空间。

树立正确的工程价值观,加强工作中的原则性、系统性、预见性和创造性,才能够理论联系实际,把握工程实践的特点和规律,尊重客观事实。既大胆创新又尊重客观现实;既讲规模、速度,又讲质量和效益;既注重眼前利益,又着眼长远发展。

错误的、片面的、以经济利益为导向的功利主义工程观会导致人口、资源与环境三者之间的矛盾日益突出。许多工程在正确的工程价值观指导下留名青史,但也有不少工程由于工程理念的落后殃及后世。那些所谓的"面子工程""政绩工程",一旦脱离了国情,脱离了实际,被决策者片面的价值观所扭曲,必然走入错误的轨道,甚至造成巨大损失。

三、工程价值的评价标准

所谓评价就是主体对客体关于人的意义的一种观念性掌握，是主体关于客体有无价值以及价值大小所做的判断。工程的价值评价就是对工程中各种价值关系的存在与否以及定性或定量的揭示和所做出的价值判断。它作为工程的价值认识，来源于、服务于工程实践，并接受工程实践的检验。工程的价值评价具有客观性和真理性。当代工程行动及工程的价值评价一般应遵守以下基本规范和原则。

（一）实现性原则

这是对工程的结果性评价，看"效果"。工程活动就是从满足人的生存、享受和发展的需要，创造价值的目的出发，通过实际的工程操作与建构，最终为社会和公众所消费、享用，进而获得价值实现的。工程的实现性是衡量其可行性的主要依据。我们说一个工程是可行的，是指技术上的可操作性，而且还指满足社会需要的可实现性。一个好的工程总是综合考虑经济效益、社会效益和生态效益。

（二）时效性原则

这是过程性与手段性评价，讲"效率"。它讲求实现工程目标过程中或工程实施过程的时间节约，追求效率。一般在工程决策的过程中，要对工程的最终目标和将实现的总体的工程价值进行评价，比较正效应——正价值的大小，衡量负效应或工程的代价——负价值的多少，以便尽可能增加正价值、减少负价值（降低代价）和规避风险。评价工程实施手段、方式或途径的有效性与合理性，主要包括技术手段、运行程序和规则以及奖罚措施与管理模式等。

（三）审美性原则

这是满足美的需要，重"人性的表达"。工程活动不仅应遵循科学原理和客观规律，而且应考虑不同时代的审美理想。审美是人们对工程的内在要求和基本规定，如果工程中没有考虑满足人审美的精神需求的向度，也就疏离了工程对人的终极关怀的价值与意义的向度，必然是非人性化的工程。任何工程主体在进行工程活动时都应自觉地坚持审美原则，就是要按照美的标准设计工程、实施工程、评价工程。

（四）创新性原则

这是工程的生命力所在，求"新"立"异"。工程的生命力在于它的个性和创新性，创新是工程获得社会实现的内在要求。无论是技术的创新、制度的创新，还是观念的创新，永远是工程的灵魂和生命。创新不只是工程本身的内在要求，而且还是人性的要求，人从不满足于现状，满足了的需要又重新唤醒了新的需要。人类的工程实践在满足现有需要的同时总是创造着新的需要去实现自己的价值。

（五）可持续性原则

这是维持生存的根本尺度和最高原则，蕴含着"终极关怀"。可持续发展是既满足当代人的需要，又不对后代人满足其需要的能力构成危害的发展。可持续性原则要求对资源开发和利用的工程活动，要有节制和限度；要求工程考虑环境的容量，保证人与自然的协调发展,以保持其永续性。可持续性从哲学上说就是天人合一原则。任何工程主体都应该自觉地引入和遵守工程的可持续原则,应该自主地担当维护自然生态系统的社会责任,让工程回馈自然。

知识链接

千年伟人马克思

据新华社伦敦 2005 年 12 月 29 日电 在千年交替之际,西方媒体最近纷纷推出自己评选的千年风云人物,马克思主义的创始人、无产阶级的伟大导师卡尔·马克思在多家西方媒体评选千年风云人物的活动中名列前茅。

在 1999 年英国广播公司进行的一次网上民意测验中,卡尔·马克思被评为千年思想家,高居榜首,得票率高于分别名列第二、第三和第四的相对论的创立者爱因斯坦、万有引力的发现者牛顿和进化论的提出者达尔文。

在 2005 年英国广播公司评选"谁是现今英国人心目中最伟大的哲学家?"活动中,马克思以 27.93% 的得票率荣登榜首,居于第二位的休谟得票率为 12.6%,远远落在其后。柏拉图、康德、苏格拉底、亚里士多德这些大哲学家更是望尘莫及,黑格尔甚至没进前 20名。在这次评选"最伟大的哲学家"的过程中,英国《经济学家》杂志曾经号召其读者把马克思从候选名单上拉下,希望读者选休谟,但是英国公众得出了自己的决断,毅然选择了马克思。

2005 年德国《图片报》和国家第二电视台携手主办了评选德国千年最伟大的人物的活动。评选的结果是,马克思被评为"德国最伟大人物"。

英国广播公司发起"在我们这个时代"这个评选的栏目主持人布拉格说:"马克思似乎对全世界的主要问题都给出了答案。"他还说:"马克思当选为最伟大哲学家有诸多因素,但是能够解释一切的理论是他夺冠的最重要原因。"

路透社在报道评选结果时说,"马克思的《共产党宣言》和《资本论》对过去一个多世纪全球的政治和经济思想产生了深刻的影响。"英国公众认为:"今天世界各处发生的一切并不能否定马克思,只能证实他写的内容。"

思维训练

生活在资本主义制度下、具有不同信仰的人,对马克思如此青睐,如此怀念,能够做出这样崇高的评价,说明了什么呢?

第二章　工程中的辩证法

感谢你的敌人

一位动物学家对生活在非洲大草原奥兰治河两岸的羚羊进行过研究。他发现东岸羚羊群的繁殖能力比西岸的强,奔跑速度也不一样,每分钟要比西岸的快 13 米。对这些差别,这位动物学家曾百思不得其解,因为这些羚羊的生存环境和属类都是相同的,饲料来源也一样。

有一年,他在动物保护协会的协助下,在东西两岸各捉了 10 只羚羊,把它们送往对岸。结果,运到西岸的 10 只一年后繁殖到 14 只,运到东岸的 10 只剩下 3 只,那 7 只全被狼吃了。

这位动物学家终于明白了,东岸的羚羊之所以强健,是因为在它们附近生活着一个狼群,西岸的羚羊之所以弱小,正是因为缺少这么一群天敌。没有天敌的动物往往最先灭绝,有天敌的动物则会逐步繁衍壮大。大自然中的这一现象在人类社会也同样存在。汤武因为有残暴的桀纣作敌人而赢得了拥护者,刘邦因为项羽而谨慎从事,最后得到了天下。

哲学观点

恩格斯说"当我们考察整个物质世界时,首先显现在我们眼前的,是一幅由种种联系和相互作用无穷无尽地交织起来的画面。"在工程中,联系也是普遍存在的,工程活动与产业活动具有不可分割的内在联系。

导　言

工程问题处在普遍联系的过程中,也在联系和发展的过程中不断完善,许多从事工程工作的人,受专业局限,往往只是以专业眼光看工程,不能跳出专业从社会层面看工程。工程技术人员应该努力避免片面性和专业局限性,在联系和发展的过程中解决工程问题。

第一节 工程中主观与客观的联系——盲目地努力，得到的只能是苦果

一、工程中的主、客观存在

马克思说："人是这样一种存在物，通过实践创造对象，即改造无机界，人证明自己是有意识的类存在物。"人的有意识就是人与动物的本质区别，人的类特征也与生物学意义上的动物的类有着质的区别。马克思同样指出："动物只是按照它所属的那个种的尺度和需要来建造，而人却懂得按照任何一个种的尺度来进行生产，并且懂得怎样处处把内在的尺度运用到对象上去。"

（一）工程中的主观存在

工程活动所建造的人工物不同于自然界的天然物，人工物完全打上了活动主体的烙印。按照马克思的观点，实践是主观见之于客观的活动，实践的结果是双向的活动，一方面是主体客体化，另一方面是客体主体化。这里的客体主体化就意味着主体在改造、建造客体的过程中，内含主体的愿望、意图、计划、需要、价值、目的等主观因素，是工程中的主观存在。从工程哲学的主要范畴来看，目的、计划、决策、组织、制度等属于哲学研究所忽视的主观范畴，这些范畴的内在联系确立了工程哲学的理论体系。

工程活动理应是活动主体按照自身的需要根据自身尺度实践的结果。在工程活动中，人把"物"的内容映射到自身中，同时又把自身的需要以目的的形式贯注到物的内容中，使观念的东西转化为物质的东西，从而使物变成从属于人的需要的存在，在人与物之间建立起一种新的更高的统一的关系。这是工程活动中体现出的主观存在。

（二）工程中的客观存在

工程活动的客体或人工物的复杂性是不言而喻的，它们所表现出来的复杂过程和复杂程度，是根本不能用简单性和简单方法来进行描述和处理的。

工程中有许多不确定因素，它与科学不同，科学是在各种条件都比较清晰时，才会得出结论。但是，工程并不是把所有的边界条件都彻底弄明白了，才能解决问题。不少情况短时间弄不明白，或不能完全清楚，因此，有些工程是在一些问题不清楚的情况下进行的，也有些是边做边弄清楚的。从工程哲学的客观范畴来看，边界条件、原材料（物质）、工具、机器、半自在之物（半为人之物）、作为废品和污染的自在之物等属于哲学研究所忽视的客观范畴，然而这些范畴的内在联系为工程哲学奠定了理论基础。工程中的客观存在也是随着客观环境的变化而变化的，比如说科学技术的提高促使机器快速更新换代，与此同时工程中的客观条件也会随之而改变。所以说，工程中的客观存在并不是一成不变的，它存在的条件会由于不同的工程而变化。

二、工程中主、客观存在的联系

主客观之间的关系问题，换句话说也就是思维与存在的关系问题，可以理解为两个方

面,其一,世界的本原是物质(客观)的还是意识(主观)的。其二,主观与客观是如何相互影响的。主客观的划分和对立源于人们认识世界和改造世界的需要。在"本体论"时代,随着主观意识顺利从自然界中分化出来,人们急于探求自然界的神秘和伟大。但是限于当时的认识水平和实践力量,主观不可能达到对客观的科学解释,唯有求助超自然的神秘东西来实现。到了近代"认识论"时代,人类的自我认识和对客体的认识都上升到一定的水平。从而进一步将主观与客观联系起来。

工程活动理应是工程活动主体按照主体的需要根据自身尺度实践的结果,在工程活动中,人把"物"的内容映射到自身中,同时又把自身的需要以目的的形式贯注到物的内容中去,使观念的东西转化为物质的东西,从而使物变成从属于人的需要的存在,在人与物之间建立起一种新的更高的统一的关系。这种关系的建立主要是实践,对于工程来说,主题基本上是"造物"和"用物",而人正是在造物和用物的实践中达到工程的目标,也是在实践中实现了主观存在和客观存在的有机结合。

第二节 工程与时间和空间的联系——决定自己生命的宽度

一、工程与时间和空间的联系是一个动态的过程

工程是一个复杂的、动态发展的过程,是一个不断改善、完美的过程,是主体创造生活环境,提升生活质量,开拓生活空间,创造生活价值和完善、创造、提升自我的行为过程,是预测、决策、计划、组织、控制、创新的过程,是设计、营造、运行的过程。从各个不同的角度认识工程,才能更清楚地认识工程,推进工程。

从技术的角度看,工程过程首先是工程设计过程。这个过程要解决的核心问题是"我"怎样"思"出来自然界本来没有的工程。怎样实现一个渴求功能的物理客体的描绘蓝图。"思"就是头脑设计,头脑思维。这个"思"的过程始于工程问题,问题走在工程的最前方:为什么要这个工程?工程问题确立后,就要围绕着问题,收集解决这一工程问题的相关材料;在收集材料的基础上,设计过程要进行工程预测:对工程活动及工程未来发展变化的趋势做出超前的反应和概率性判断。

然后,设计者进行工程描述蓝图的设计:一个工程整体由哪些部分构成,各部分如何相互关联而具有结构和性能,又如何组合到实现其目的的整体运作中来履行其性能,工程是如何运作的,为实现工程目标如何进行人力、物力、财力的筹划,实施工程目标的步骤、方法、政策及策略。

最后,按工程蓝图进行模拟仿真实验。工程设计后,要解决的核心问题是如何将思想上的描述蓝图模型物变成工程现实或物理客体。这个过程首先是工程组织:进行组织结构和组织工作设计、力量配置和权力授予;然后是工程营造,把仿真模型变成现实工程;最后是工程检验。工程营造出来后,目的是消费工程、享用工程。因而工程过程要从营造过程转向享用过程。享用过程是一个市场化的过程。这个过程始于推介,把工程推介到市场,让市场接受。推介成功,工程主体发生转换,从设计、营造主体变成享用主体。推介之

后,是享用过程。在这个过程中,充分体现了时间和空间的联系,也正是这种联系使人们享用了很多益处,比如说,铁路提速不仅使人们节省了时间,而且也缩短了空间,减少了人们旅途中的劳苦,提高了人们的办事效率。工程中时间与空间的联系给人们创造了更多的发展空间。

二、工程中时间与空间联系的案例

齐齐哈尔工程学院护理教学中心大楼的建成,体现了工程中时间与空间联系的完美结合。齐齐哈尔工程学院护理专业依托护理教学中心进行实习实践,护理专业的学生平时就可以为在百草园养老的老人服务,学生能在校园内完成实习,这既节省了时间也缩短了空间。在课余的时间学生也可以去走访慰问老人,给老人以关怀,也让老人体会到了家的温暖,越来越多的老人愿意来这里入住。一方面,老人的集中居住节省了土地资源,另一方面,居住在大学校园里的老人更能体会到浓浓的人文情怀,他们每时每刻都能够感受到更多的快乐,这个工程的完成无论是对老人、学校还是学生来说都是非常有利的。齐齐哈尔工程学院护理教学中心的落成在时间和空间上体现了一次动态的发展过程,在时间上,根据具体情况经历了一个变化的过程,学生可以利用自己的时间安排学习和实习;在空间上,为学生节省了空间资源,学生可以有效地利用校内资源,而且也提高了空间领域里的生活质量。这个工程在时间和空间上都实现了一个动态飞跃,更好地体现了时间和空间是密不可分、紧密联系的。

第三节　工程中动与静的联系——
一切皆变,一切皆流

一、工程中需要运动与静止的统一

工程是一个整体大系统。在这样一个大系统中不可缺少运动与静止的联系。工程系统是动态的开放系统、远离平衡系统、非线性系统、人工控制系统。系统由要素组成,要素之间是相互关联的,在各要素中,既包含动态的要素,又包含静态的要素,比如:工程决策、施工等属于动态要素,而工程建筑所处的环境属于静态要素,设计的图纸也属于静态要素,工程是运动和静止的统一。同时,系统又处在环境之中,为环境所包围,因而系统处于内部关联和外部环境的共同作用之中,处在不断变动之中,处在不断重复往返地振荡和涨落之中,处在不断地协调和补偿之中。

工程关系是多样的,包括工程中物质、能量的交换关系和信息的传递关系,工程运动形式的转换关系,工程的质、量、度的制约关系,工程因果的互动关系。工程系统是一种类人系统,它生成后如同其他自然系统一样,总是要演化的。由于内部因素的相互作用和外部环境的干扰,工程系统总要发生变异,出现涨落,触发失稳。稳定性和变异性的对立统一造成工程系统稳定—失稳—再稳定—再失稳……的自我运动过程。我们要分析哪些是动态因素,哪些是静态因素,实现真正意义上的动与静的统一。比如说,一座大楼建好后是静止的物体,建造前的客观存在也是静止的,而在建造过程中它是动态的、不断变化的,如果在动态过程中不能够严格把关,量的积累会导致质的变化,就有可能出现坍塌等事故,这类事件在近几年的工程中常有发生。如果能够将动态因素有效利用,尊重自然规律,运用哲学原理,我们就会得到真正的持久的利益。

二、工程中动与静结合的意义

静止是运动的量度,不了解静止,也就无法了解运动。运动和静止双方是相互依赖的,不了解静止一方,也就不了解运动一方。恩格斯指出:"从辩证的观点看来,运动表现于它的反面,即表现在静止中。"在工程中,到处可以看到动与静的结合。动态和谐的大工程观是指人类通过工程建设来开发和利用自然时,要充分了解和尊重自然规律与社会发展规律,维护自然界、人类社会、经济系统的动态平衡,尽量减少消极影响,促使工程系统与周围生态环境、经济系统与社会发展相协调,在提高人类生活质量的同时,实现人与自然的和谐发展。我们要清楚哪些是静态因素,哪些是动态因素,要尊重自然规律这个静态因素,同时,要实现和谐发展也必须用动态的观点来判断施工能否带来真正的持久的利益。

我们真正需要思考的不是要不要建设工程的问题,而是怎样在动态和谐的大工程观的指导下,将"人—自然—社会"的理念贯彻到工程实践中的问题。动态和谐的大工程观对以往"人类中心主义"和"生态中心主义"的伦理观均进行了扬弃,并在理论上有所创新。它是继农业文明、工业文明之后,在生态文明的基础上发展起来的追求"人—自然—社会"可持续发展的新型大工程观。

第四节 工程中整体与部分的联系——不谋万世者,不足以谋一时

一、工程活动中应处理好整体与部分的关系

工程活动中整体与部分的关系可以在系统论中有很好的体现,系统的整合设计在某种条件下往往是导致整体成功或失败的关键因素。系统整合可以分为空间、时间及时空联合维上的整合。设计成功的子系统如果整合设计不当,也会导致整体设计的失败。整合不是子系统的简单拼合相加,而是子系统之间相互匹配、相互作用和相互影响的整体,局部或子系统设计成功不等于整体成功,局部设计中的问题隐患必须在整合的步骤中发现和解决,否则可能导致系统整体设计的失败。这就体现了系统的整体特征。如各个工作良好的软件模块堆积到一起并不一定能够工作,因此系统整合往往是系统设计成败的关键环节。在当代工程活动中,工程活动对象越来越大型化、规模化、综合化、复杂化,大型工程从计划到建造、实施都要涉及许多重要的工序,需要工程中不同职业群体的共同协

作和出谋划策。

马克思说:"许多人在同一生产过程中,或在不同的但互相联系的生产过程中,有计划地一起协同劳动,这种劳动形式叫作协作。"一个单独的提琴手可以自己指挥自己,一个乐队就需要一个乐队指挥。分工可以提高劳动生产效率,同样,主体之间的协作不仅能提高劳动效率,也能创造生产力。

二、工程中整体与部分联系的案例

李伯聪教授认为,分工是把原来相同的人分化为不同的人、进行不同操作的人、在不同岗位工作的人和有不同职业的人等,而协作虽然也可能是相同的人之间的协作,但其最根本的特征应该是不同的人为了共同的目的或为了各自的目的而进行的协作。在一切规模较大的工程活动中,工程活动主体内部的分工、协作、有序管理不仅可以有效提高现代工程效率,同时也是现代工程得以完成的必要前提和重要保证。正因为如此,早在20世纪40年代,我国著名科学家钱学森就提出了"系统工程"的思想,目的在于提高大型的、复杂的工程活动的组织、管理水平。

现代系统观认为,事物的普遍联系和永恒运动是一个整体过程,要全面地把握和控制对象,综合地探索系统中要素与要素、要素与系统、系统与环境、系统与系统的相互作用和变化规律,把握住对象的内、外环境的关系,以便有效地认识和改造对象。过去水利工作者往往就水研究水、就河流研究河流,而对于它们与国民经济发展、社会发展、自然资源保护的联系考虑得较少,没有自发地把水利纳入整个国民经济发展的大系统中去。系统观是从更高层次通盘考虑问题,强调水利和国民经济发展、社会发展的联系。

我国水资源短缺,人均水资源占有量只有2 200立方米,是世界人均的30%。而且水资源时空分布极不均衡。应对干旱缺水,有多种做法,解决时间分布不均问题,可修建水库多蓄水;解决空间分布不均问题,可调水。但也必须清醒地认识到靠修水库、建调水工程,不能从根本上解决水资源短缺问题,建设节水型社会,才是解决我国干旱缺水问题最根本、最有效的战略举措。调水可以解决部分区域的水资源短缺问题,但如果不进行节水型社会建设,人们没有节约水资源的意识,就可能出现调水越多,浪费越严重的情形。建设节水型社会其本质是建立以水权、水市场理论为基础的水资源管理体制,从而使资源利用效率得到提高,生态环境得到改善。

水资源面临着发展与环境的双重压力,供需严重失衡是我国经济社会发展中的一个长期矛盾,是实现可持续发展的关键制约因素。引额济乌调水工程,充分系统地论证了总干渠沿线水资源的现状、可承载能力,辩证地考虑了工农业的发展方向和布局。在考虑水资源的综合利用方面,既考虑地表水、地下水等多种水源的互补,又协调各种用水要求,不孤立地研究某一个单一规划,还考虑各专业规划之间内在的联系。从系统的观点出发,水土保持、节水灌溉、城市用水、地下水等方面是不能割裂的,如果割裂,就不能做到水资源的优化配置。要实行水资源的优化配置,必须实行水资源的统一管理。引额济乌调水工程不单单是从某个地方考虑水资源的情况,而是从全局考虑水土保持以及水资源的合理利用,进一步体现了整体与部分的关系是相辅相成、紧密相连的。

第五节　工程发展中的内因和外因——近朱者赤,近墨者黑

一、工程发展中内因和外因的联系

内因是事物运动、变化和发展的内在原因,即内部根据。外因是事物发展变化的外部原因,即外部条件,是事物和事物的互相关联、互相作用。事物的产生、发展和灭亡,既是由它本身所固有的内部原因所引起的,又同一定的外部条件密切联系。但是二者在事物发展中的地位和作用是不同的。外因是变化的条件,内因则是变化的根据,外因通过内因起作用。在工程发展的每一个阶段,都包含着内因和外因,以下以建设工程环境为例说明内因和外因相结合的过程。

建设工程环境质量与一定时期社会进步和经济发展密切相连,这是制约和决定建设工程环境质量标准的外部条件;规划设计、施工队伍的素质、人的环境意识、主体的环境管理能力是实现现有技术水平下建设工程环境质量目标的内在因素。两者之间相互影响,互为因果,外部条件的改善和提高,促进内部因素的变化,提高建设工程环境质量水平,内部因素的递进和突变,通过建设工程环境质量的提高,改善和优化外部条件,促进建筑业乃至全社会可持续发展。对于建设工程环境质量的监督,主要是对内部因素的控制和监督。

从哲学的角度分析和评价工程建设的过程,不仅提升了工程建设主体对于工程的深入理解,也在工程实践过程中体现了内因与外因的有机结合。在工程实践过程中主要利用了外部资源环境,并充分利用内部现有的条件,将二者有机结合在一起。从中可以看出工程需要哲学的引导,工程建设主体也需要有哲学的思维。

二、工程发展中内因与外因联系的案例

浦东机场扩建工程是上海航空枢纽规划系统的一个重要组成部分。上海航空枢纽的定位依据国家发展的战略,即上海将成为长三角及中国的航运中心,中国必将由民航大国走向民航强国。正是站在国家发展的战略高度上,上海航空港被定位为国际航空枢纽港,其枢纽功能体现在四个方面:长三角地区集散枢纽、中国门户枢纽、国际国内中转枢纽以及国际货运枢纽。

浦东机场扩建工程规模大,涉及飞行区工程、航站区工程、配套区工程以及货运区工程等,仅靠内部人财物等资源无法保证工程建设的品质。对此,工程建设主体在安排设计与施工管理方面综合考虑,运用内外相生的哲学思维,平衡内外资源,在发挥自有优势的同时,充分利用外部优良资源。由于国内外没有一家设计单位能够独自承担浦东机场扩建工程飞行区、航站区、配套区和货运区等全部工程的设计任务及相应的设计协调管理工作,因此,工程建设主体定位设计管理的总体思路是把飞行区、航站区等四个工程区域的设计分别进行委托或招标,由相应的专业设计单位承担,然后再把整个扩建工程的空侧和陆侧设计协调管理的任务发包给一家总体设计单位。经仔细权衡国外和国内设计单位的

优缺点,对于浦东机场扩建工程 T2 航站区工程的设计总承包单位,工程建设主体通过买断国际中标规划方案,将航站区的方案设计、初步设计和施工图设计委托给国内设计院。这开创了国内民航大型建设项目由国内设计单位主导之先河,确保了设计方案的科学性和实用性。浦东机场在建设过程中,充分利用了国内的有效资源,发挥了内因的作用,但是在某些高科技环节,还需要借助国外的先进技术,进而发挥了外因的作用,只有将二者结合起来才能使工程顺利完成。

在分工越来越细的今天,任何一个工程,只靠一方是很难完成的,比如说一个飞机的建造,需要多个国家合作才能完成,任何一个国家都是在自己内部条件的基础上和其他国家(外部条件)的协作才能最终完成的。因而,在工程发展中内因与外因相结合才能创造更多的效益。

第六节 工程中的三大规律——祸兮福之所倚,福兮祸之所伏

一、工程中的对立统一规律

事物的矛盾法则,即对立统一的法则,是唯物辩证法的最根本的法则。唯物辩证法的宇宙观认为事物发展的根本原因,不是在事物的外部而是在事物的内部,在于事物内部的矛盾性。任何事物内部都有这种矛盾性,因此引起了事物的运动和发展。事物内部的这种矛盾性是事物发展的根本原因。工程系统不是自然存在的系统,而是一个具有类似人的特征并能在一定条件下超越其成员寿命,实现可持续发展的生命体。这个类生命体有一个从产生到消亡的寿命周期:诞生期、成长期、成熟期、衰亡期。工程类生命体存在许多的区别和对立,是个矛盾着的有机整体,充满着矛盾和矛盾运动。

工程类生命体的基本矛盾是"思"和"在"的矛盾,即"工程思维"和"工程存在"的矛盾。这对矛盾在整个工程活动过程中自始至终都存在并贯穿于工程全过程。在工程的诞生期,"思"占据主导地位。从理论上讲,"发展是对立面的统一",根据这一观点,"主要的注意力应放在认识自己运动的源泉上"。

从实践上看,工程活动不仅始于"思"与"在"的矛盾、问题,而且围绕着"思"与"在"的矛盾、问题,终于"思"与"在"的矛盾、问题的解决。

在工程活动中,要推进工程,必须进行矛盾思维、问题思维。如工程活动需要学习,而学习又会形成知识定式、思维定式,要推进工程,对过去学的东西又要暂时忘却。工程应该在保证质量和控制成本的前提下安排进度。质量、成本与进度是相互对立的,然而又必须统一。西安—安康铁路建设项目是个好典型,前期工作充分,建设稳步推进,投资有所节余,工程质量良好。但是不少工程特别是公用工程,常常把进度放在第一位因而牺牲质量,有时甚至不计成本。有人说前期工作做得越"慢",施工进展越快,虽然有点绝对化,但不是没有道理。

多年来,在工程建设上的很多经验教训没能被认真吸取,主要问题出在投资管理体制

和一部分领导干部的政绩观上。如果没人对一个工程的投资和质量负责,而某些领导干部又急于在任期内搞出成绩,那么工程"进度第一"的问题是难以解决的。由此可见,建设一个工程,不仅涉及技术、管理、资金,而且与管理体制和人的价值观有直接关系。这一点,也折射出工程与科学、技术的区别。

二、工程中的质量互变规律

辩证唯物主义认为,由于事物内部矛盾引起事物的发展,事物发展表现为量变和质变两种状态。针对建筑安装工程而言,按照国家定额、规范制定的工程造价就是量;依据国家现行施工验收规范就是质,合理的造价与国家验收规范,就是量与质的统一。如果片面追求低造价这个量,并超过一定的度,必然会发生质变,它的质变就必然会产生工程质量问题,就会出现劣质工程、豆腐渣工程,这样的事例和教训在我们身边发生的很多。

在工程建设中要努力做到"质量、造价、工期"三者关系的和谐统一,建设方、业主和施工承包商都希望做到工程质量要好,造价要低,工期要短。但是工程造价、质量和工期三者之间是相互矛盾的,我们在实际工作中必须抓住主要矛盾,所以满足建筑产品的质量和使用功能是控制建筑安装工程造价的前提,没有合格的产品质量,无法满足人们对建筑物的使用需求,再低的建筑安装工程造价也是毫无意义的。在正常情况下建筑安装工程造价决定质量和使用功能,质量和使用功能反映出建筑安装工程造价。合理的建筑安装工程造价的形成,就是国家根据市场经济的发展和变化制定出相关的定额和规范,来约束和维护整个建筑市场的正常秩序。因而定额和规范是在正常施工条件下完成单位合格产品所必需的材料、机械、劳动力费用消耗的标准,是具有法令性的一种指标,其法令性保证了建筑工程有其统一的造价核算尺度。

工程实践是人们主动地选择生存的活动,工程的好与坏取决于人们的评价标准。评价要把握好一个标准,关注质的飞跃。即使对于工程的同一特性,它的评价标准亦是不同的。例如,在某地建一个水库,它的防洪功能对下游的人来说是好的,可对上游的人就不然;建一座大楼,如果达不到消费者的满意度没有人买它,那么无论在设计上或建筑上多么完美,这个工程也算不上是成功的。

建筑工程的质量、造价、工期三要素组成工程建设的三大目标系统,是一个相互制约,相互影响的建筑安装工程内部的矛盾统一体,它们的运动发展既相互联系又相互制约,其中任何一个目标发生变化,都会引起另外两个目标的变化。过分强调造价和工期,对质量就不能要求过高;过分强调造价和质量,对工期就不能要求过短;要质量好,工期短,对造价就不能要求过低。如果造价压得很低,则在工期和质量上不可能达到它的最佳状态,特别是在市场经济的制约下,施工承包商就会采取人们常说的"千做万做亏本生意不做"的原则,在建筑安装工程中表现出来。

每栋建筑物动辄耗资几百万元,多则上亿元。建筑物的更新周期短则几十年,长则上百年,"百年大计,质量第一",它的特点决定了对"质"的严格要求,要达到和满足质的要求,就必须要有相应的量和合理的造价来保证。认识到上述建筑生产的客观规律后,我们可以得出一个结论:任何一家施工承包商不会也不可能"倒贴"或亏本来完成工程建设。允许施工承包商按国家规范通过加强内部管理获取"阳光下的利润",是社会主义市场经济成熟的表现。

工程评价的主体也是多样的和系统的。社会是由不同的利益群体组成的，他们从各自的立场和角度来看待工程，得出了不同的评价观念。一般说来，就工程评价的主体而言，有三种评价视角：第一种是专家的视角，他们力图做出客观性评价并使整体的公众利益最大化；第二种是公众的视角，公众只是想保护他们自己的利益免受侵害，他们更多的是从工程是否缺乏参与和自主选择的角度来评价工程的利与弊；第三种是政府的视角，政府管理者更多的是从保护公众的整体利益出发，以及对工程实施有效管理的角度对工程进行理性评价。工程专家认为任何一个工程都要做到既为当代人造福，又为后代人的持续发展打下良好的基础，创造有利条件，这也是以人为本的要求。

三、工程中的否定之否定规律

事物内部都存在着肯定因素和否定因素。肯定因素是维持现存事物存在的因素，否定因素是促使现存事物灭亡的因素。辩证的否定观的基本内容是：第一，否定是事物的自我否定，是事物内部矛盾运动的结果。第二，否定是事物发展的环节。第三，否定是新旧事物联系的环节。第四，辩证否定的实质是"扬弃"。事物的辩证发展过程经过第一次否定，使矛盾得到初步解决。而处于否定阶段的事物仍然具有片面性，还要经过再次否定，即否定之否定，实现对立面的统一，使矛盾得到解决。事物的辩证发展就是经过两次否定、三个阶段，形成一个周期。事物的发展呈现出周期性，上一个周期和下一个周期的无限交替，使事物的发展呈现出波浪式前进或螺旋式上升的总趋势。

人类对客观事物的认识是不断发展的，与人的认识和行为有关的科学技术也是不断发展的。人的认识不是直线的，而是无限地近似于一串圆圈，任何工程项目的发展也必然符合否定之否定的规律。实际上是继承、批判和发展的过程。任何改善的措施，必然还潜藏着不足之处。人类对客观事物的认识是无限的，但是作为有限人生的个体人，都有自己的局限性，都有可能因为这曲线的任何一个片段、碎片被片面地变成独立完整的直线，而这条直线能把人引到泥坑里去。人们在这条曲线上的一段直线走到碰壁时，就会用过去成功的经验对今天的认识进行修正，并用今天的工程技术改善过去的技术中的不足，于是，工程技术就转着圈上升到高一级的水平。如此反复，不断由低级到高级发展。自觉运用这一规律就不会被引到泥坑里去。任何一个工程都遵循着继承、批判和发展的过程，这个过程体现了先肯定再否定最后再肯定的发展过程，也就是说我们要在继承的基础上进行创新。工程项目在实施的过程中也就会越来越成熟。

以建筑工程中的混凝土材料发展过程为例，混凝土是用胶凝材料将骨料胶结在一起固化而成的石状材料。1842年在英国首先出现硅酸盐水泥的专利以后，才开始有了近代的混凝土。而实际上，在2 000多年以前的古罗马已经有了用石灰加火山灰做胶凝材料的混凝土，用这种混凝土建造的万神殿等建筑物，至今仍在供游人参观，其耐久性是显然的。但是任何给工程带来好处的措施，必然同时存在潜在的不利因素。没有任何事物（材料、技术）只有优点没有缺点。这种最早的混凝土的不足之处是凝结得非常缓慢，早期强度极低，结构的特点是没有钢筋，因而都用于受压构件——基础、6.3米厚的墙和穹隆的屋顶，不能适应工业生产发展的要求。170多年来，水泥混凝土的发展经历了几次否定之否定的过程,因硅酸盐水泥耐蚀性差而产生了掺和料的水泥,这比古代火山灰加石灰有了提升;硅酸盐水泥中掺入掺和料后牺牲了某些性质,如矿渣水泥的泌水及其引起的抗冻性差,火山灰水泥的较大需水量及其引起的流动性差、收缩、不抗冻等,而且普遍早期强度低,不适应高强混凝土的要求;于是我国在 20 世纪 90 年代以后硅酸盐水泥和普通硅酸盐水泥产量大幅度增加。

实践证明高强不一定耐久,古罗马不含硅酸盐熟料的混凝土给了人们有关混凝土耐久性的启发,于是人们开始在混凝土中大量使用粉煤灰、磨细矿渣等矿物掺和料。这种回过头来又使用掺和料的方法和原有用掺和料简单取代水泥的技术生产的矿渣水泥、火山灰水泥等不同,是掌握了活性掺和料的特性、脱离按水泥标准检测的限制,把活性掺和料当成混凝土中除水泥、骨料和水以外的又一个组分别进行混凝土的配合比设计。纵观混凝土在使用胶凝材料发展中的否定之否定规律,由于有利于混凝土结构的耐久性和可持续发展,可以断定在混凝土中使用大掺量的矿物掺和料是必然的发展趋势。

知识链接

习近平新时代中国特色社会主义思想贯穿的辩证唯物主义的基本观点,是人们对事物的看法。马克思主义基本观点从根本上说就是辩证唯物主义和历史唯物主义观点。新思想贯穿了马克思主义的辩证唯物主义和历史唯物主义观点。习近平总书记立足国情,对我国发展的历史方位做出了重大判断。"四个全面"战略布局、"五位一体"总布局体现了系统性和全局观,体现了始终坚定不移走中国自己的道路、解放思想、理论创新的观点。

1.物质第一性的观点与实事求是的思想作风

辩证唯物主义认为,物质是客观存在的,是第一性的,物质决定意识,意识是物质的反映。物质第一性的观点,要求我们坚持从客观实际出发,实事求是。我们必须坚持以辩证唯物主义的观点看待中国国情,既要看到社会主义初级阶段基本国情没有变,也要看到我国经济社会发展每个阶段呈现出来的新特点。党的十九大报告基于中国社会经济发展水平达到一定阶段,但发展还不平衡不充分的现实,对我国发展的历史方位做出重大判断,提出中国特色社会主义进入了新时代。中国特色社会主义新时代是我们谋划未来发展的基本依据。实事求是要求我们不能偏离社会主义初级阶段基本国情,同时还要把握初级阶段的阶段性变化。

2.联系的系统性观点与牢固树立全局观

要坚持联系的系统性,从系统观点出发理解全面深化改革,要突出改革的系统性、整体性、协同性,提高驾驭复杂局面的本领。习近平总书记强调,坚持全面观点要切实增强全局意识,自觉从大局看问题;要维护全局利益,并不否定局部利益;要坚持局部服从全局,搞好统筹兼顾。大局决定局部,整体高于个体。在改革开放不断深化的形势下,我们必须牢固树立大局意识,把工作放到大局中去思考定位摆布,做到正确认识大局、自觉服从大局、坚决拥护大局。

3.矛盾的特殊性观点与中国坚持走自己的路

矛盾具有普遍性也具有特殊性,不同事物具有不同的矛盾,矛盾的两个方面也有主次之分,事物在发展不同阶段矛盾各有其特点。要学习掌握事物矛盾运动的基本原理,不断强化问题意识,积极面对和化解前进中遇到的矛盾。党的十九大报告提出:"我国社会主要矛盾已经转化为人民日益增长的美好生活需要和不平衡不充分的发展之间的矛盾。"新的社会主要矛盾是判断中国特色社会主义进入新时代的科学依据,也是新时代的重要特征。我国社会主要矛盾的变化是关系全局的历史性变化,对党和国家工作提出了许多新要求。我们必须准确把握我国主要矛盾已经转化的特殊性国情,立足社会主义初级阶段,从我国的自然禀赋、历史文化传统、制度体制出发,既要遵循普遍规律,又不能墨守成规。既要借鉴国际先进经验、又不能照抄照搬。坚定不移地走中国特色社会主义道路,集中力量解放发展生产力,满足人民日益增长的美好生活需要,着力解决好发展不平衡不充分的问题。

4. 实践决定认识的观点与解放思想

辩证唯物主义认为,实践决定认识,认识对实践有反作用,正确认识对实践有指导作用,错误认识对实践有阻碍作用。实践是认识的来源和发展动力。实践中遇到的问题是创新的起点和原动力。习近平总书记指出:"理论思维的起点决定着理论创新的结果。理论创新只能从问题开始。从某种意义上说,理论创新的过程就是发现问题、筛选问题、研究问题、解决问题的过程。"我国哲学社会科学应该聆听时代的声音,回应时代的呼唤,以我们正在做的事情为中心,从我国改革发展的实践中挖掘新材料、发现新问题,在认真研究解决重大而紧迫的问题中,才能真正把握住历史脉络、找到发展规律,推动理论创新。提高创新思维能力,必须坚持问题导向,必须掌握实践创新与理论创新的辩证关系,以实践创新推动理论创新,以理论创新引导实践创新,实现理论创新和实践创新良性互动。解放思想是理论创新和实践创新的前提,习近平总书记指出,没有解放思想,我们党就不可能在十年动乱结束不久做出把党和国家工作重心转移到经济工作上来、实行改革开放的历史性决策,开启我国历史发展的新时期;没有解放思想,我们党就不可能在实践中不断推进理论创新和实践创新,有效化解前进道路上的各种风险挑战,把改革开放不断推向前进,始终走在时代前列。

思维训练

1. 习近平新时代中国特色社会主义思想贯穿了哪些辩证唯物主义观点?
2. 举出你在专业中遇到的具体问题,运用唯物辩证法的三大规律之一进行哲学分析。

第三章 工程中的认识论

小马过河

小马和他的妈妈住在小河边,除了妈妈过河给河对岸的村子送粮食的时候,他总是跟随在妈妈的身边寸步不离。他过得很快乐,时光飞快地过去了。

有一天,妈妈把小马叫到身边说:"小马,你已经长大了,可以帮妈妈做事了。今天你把这袋粮食送到河对岸的村子里去吧。"

小马非常高兴地答应了。他驮着粮食飞快地来到了小河边。可是河上没有桥,只能自己蹚过去。河水有多深呢?犹豫中的小马一抬头,看见了正在不远处吃草的牛伯伯。小马赶紧跑过去问道:"牛伯伯,那河里的水深不深呀?"牛伯伯挺起他那高大的身体笑着说:"不深,不深。才到我的小腿。"小马高兴地跑回河边准备蹚过河去。他刚一迈腿,忽然听见一个声音说:"小马,小马别下去,这河可深啦。"小马低头一看,原来是小松鼠。小松鼠翘着她漂亮的尾巴,睁着圆圆的眼睛,很认真地说:"前两天我的一个伙伴不小心掉进了河里,河水就把他卷走了。"小马一听没主意了。牛伯伯说河水浅,小松鼠说河水深,这可怎么办呀?只好回去问妈妈。

马妈妈老远地就看见小马低着头驮着粮食又回来了。心想他一定是遇到困难了,就迎过去问小马。小马哭着把牛伯伯和小松鼠的话告诉了妈妈。妈妈安慰小马说:"没关系,咱们一起去看看吧。"小马和妈妈又一次来到河边,妈妈这回让小马自己去试探一下河水有多深。小马小心地试探着,一步一步地蹚过了河。噢,他明白了,河水既没有牛伯伯说得那么浅,也没有小松鼠说得那么深。只有自己亲自试过才知道。

在生产斗争和科学实验范围内,人类总是不断发展的,自然界也总是不断发展的,永远不会停止在一个水平上。因此,人类总得不断地总结经验,有所发现,有所发明,有所创造,有所前进。

——毛泽东

导　言

　　哲学研究中,认识论的旨趣在于对知识的研究,包括"我们能知道什么""我们是怎么知道某种事物的""什么是真理"等。而工程中的认识论则重点思考和研究工程认识的本质是什么,人们如何认识工程等。

第一节　工程实践与认识——实践出真知

一、工程活动的主体

　　马克思主义认为认识是主体在实践基础上对客体的能动反映。认识的主体和客体是认识论的核心内容,分化和区分主体和客体是认识的前提。主体有四种形式:个人主体、集体主体、社会主体和人类主体。而对于工程活动主体而言,重要的是要弄清楚几个问题:谁在从事工程实践活动,实践什么样的工程,怎样从事工程实践活动。而工程活动主体既有认识、实践的特征,又有高于认识、实践活动主体的特征。除了一般主体所具有的主观性,还具备工程哲学范畴的特性,主要表现在个体和整体两个方面:

　　(一)工程活动主体的主观能动性

　　生活并不是遵循一个预先设计建立的过程,往往条件不成熟就必须创造,那些缺少的东西就交给我们自己去完成。正因为这种社会条件的不完整性、非确定性,人类才要不断发挥自身的主观能动性,参与到自然实践和社会实践中来,从而实现向完整的转变。

　　河南省林县山多地少,石厚土薄,十年九旱,自然条件十分恶劣。1960年,该县居民决定在太行山开凿一条引水渠,从山西省平顺县把漳河水引入林县,并给这条渠取名为"红旗渠"。红旗渠的施工期正值三年自然灾害时期和"文革"时期,修渠工程浩大,施工环境恶劣,技术装备简陋,资金和物资短缺,民工每天只有六两粮食和野菜充饥。但是,20万林县民工发挥主观能动性,克服种种困难,终于修成宽8米,高6米,全长71公里的干渠,以及1 500公里长的配套工程。红旗渠既是一项伟大的工程,又是时代精神的"人化物质",体现的正是人与客观事物更高境界的统一,发挥了工程主体的个体能动性。

　　(二)工程活动主体的整体协调性

　　在当代工程活动中,工程活动对象越来越大型化、规模化、综合化、复杂化,大型工程从计划到建造、实施都要涉及许多重要的工序,需要工程中不同职业群体的共同协作和出谋划策。

　　"神舟五号"工程是我国近年来实施的一项大工程,参与此项工程活动的企业有近3 000家,科研和技术施工队伍由近万人组成。这样庞大的队伍需要有细致的管理、组织、协调工作。这样大型的工程,参与人员之多、持续时间之长、规模之巨、施工难度之大,协调工程中单位、人员之间的关系之复杂都是难以想象的。尽管在认识、实践活动主体的分类中,有个人主体和集体主体之分,然而在工程活动中,个人主体在复杂的工程活动对象面前是束手无策的,唯一的办法是参与到集体主体中去。所以我们既要有分工、协作,又要有统一管理。

二、工程活动的客体

工程哲学中对工程活动的客体的研究被限定在工程活动主体的范围之内,与之相应工程活动的主体建造的对象就是工程活动客体所考察的对象。其实对工程活动客体问题的研究也包括了对主体人的研究。在当代,客体已不仅仅是认识客体,而是实践活动的结果,是工程活动的结果,客体已深深打上了人的烙印。

工程活动的客体同样具有一般客体所拥有的特性,如客观性,同时也有其特性,主要表现为它的属人性和社会性。

(一)工程活动客体的属人性

工程活动客体通过工程活动主体的参与朝着两条道路发展,其一是人化客体;其二是人工客体。南水北调工程、都江堰工程、长江三峡工程等都是典型的人化工程客体,因为这些工程活动客体是主体在对自然利用和改造的基础上完成的,从而按人的方式来改造自然。在真正的工程活动过程中,自然这个"自在之物"日益转化为体现了人的目的并能满足人的需要的"为我之物",成为人类利用大自然的伟大壮举。其他的一些工程,如"神八""天宫一号""曼哈顿"工程则完全是人工客体。它不是在原来的基础上对客体进行必要的改造,而是工程活动主体将一个观念的存在通过工程活动转化为现实的存在,即把思维中的物通过工程创造为现实的物,这是一个完全意义上的创造。

(二)工程活动客体的社会性

工程活动主体建造工程单一的目的已被现在的多目的、多任务所取代,我国建造"三峡工程"就不仅仅是为了农业灌溉和防水患,它是集旅游观光、灌溉、航运、发电、养殖、净化环境、开发性移民、生态等多目的、多任务于一体的综合性、复杂的宏伟工程。中国的"神八""天宫一号"工程属于载人航天工程,是我们国家向太空探索所迈出的重要一步。"神八"与"天宫一号"的对接极大地激发了中国人民的民族自信心和自豪感,这里所产生的政治意义无疑是巨大的。除此之外,航天工程所带来的在军事、科技、经济等领域的影响也是不可低估的。发展载人航天可以带动我国基础科学研究和材料、电子、机械、化工等方面技术的发展。

当前,我们国家正以经济建设为中心,实现中华民族的伟大复兴。我们要清楚地认识到工程在经济和社会发展中的重要作用,加强工程在该领域的研究,这对提高我国传统产业升级、引发新的产业革命以及促进经济发展都具有十分重要的意义。正因为如此,工程活动客体的社会性便会更加充满活力地凸显出来。

三、工程实践与认识

(一)实践与工程的联系和区别

马克思主义哲学告诉我们,人的认识能力是在实践中形成的。而工程实践是人类最重要的实践之一,工程实践同样是认识的基础,是认识的重要来源和发展动力,并促进了人类社会的发展。

当然,我们也要看到,工程与实践还是有区别的。工程活动最重要的本质特征应该是实践性和创造性,也突出了"做"的特点,但工程的"做"是立足于实践基础上的更高意义的"做",它要强调"做"的对象的规模性、现代性和典型性等特征,以此区别于普通"实践"的手工性、传统性和全面性。

(二)不同实践者视野下的工程哲学

就工程哲学本身而言,可以区分三种基于不同知识背景和智力分工的工程哲学:工程师的工程哲学、哲学家的工程哲学和决策者的工程哲学。

1.工程师的工程哲学是工程师怎样去发现和认识工程中的哲学问题。工程哲学最早的形态便是由工程师给出来的。工程本身就是一种哲学,是一种创造物质的哲学,工程师理所应当地成为这"创造物"的主人,而不是"创造物"的奴隶。一个能从思维高度认识工程的人,才能成为工程的主宰者。

2.哲学家的工程哲学考虑的是工程可以改变人、自然和社会的存在。其实,工程是人类建设家园的行动,工程是人类智慧和理想的凝结。从工程中,可以读出人生、读出社会,读出"知行合一"的辩证关系。哲学的重要目标是展示另一种生活的可能性;工程的一大特色,是实现另一种生活的可能性。从这个意义上说,哲学的创造和工程的创造正是一个硬币的两面。

3.决策者的工程哲学所关注的是与决策者如何理解、认识和对待工程密切相关的,具有明显的社会建构特性:需要哪些哲学理念和理论;何种社会科学门类能够融入其中;怎样使用自然科学、技术科学和工程科学的资源;政治权力和社会、历史、文化因素如何交互作用。

这三种工程哲学,既是工程哲学的三个方面,又是密不可分的,缺少任何一方面,都不是真正的工程哲学。

第二节 工程中的真理——真理属于人类

一、真理与模式

传统的哲学追求是对真理自身的研究,寻求一个客观的、确定的真理。自 20 世纪下半叶以来,科学、技术、经济、社会、文化一体化的发展,各种大型工程现象的出现,社会主义制度及其不同模式的遭遇,中国改革开放 30 余年来的成功经验等,都在承认、坚持客观真理理论的同时,说明真理与模式的实现方式的重要性。

发达的欧美资本主义国家没有首先爆发社会主义革命,而社会经济发展水平相对落后、缺乏民主传统的俄国和中国却首先爆发了社会主义革命并建立了社会主义国家。由此,一个重要的问题显得十分突出,这就是如何将马克思主义与本国的具体实际相结合。

具体说,第一,如何理解马克思主义的基本原理,并将其具体地、灵活地运用到本国社会主义建设实践中来;第二,如何消除传统文化对新制度的影响,使新生的无产阶级政权与传统专制制度划清界限,抛弃专制主义的遗产,成为真正民主的人民政权。

中、苏两国、两党用实际行动和结果给广大人民和马克思主义者上了一堂生动而直观的理论课。

（一）苏联模式的失败

首先,高度僵化的经济体制最终导致经济发展落后,令百姓不满意。究其原因,首先,苏联领导人简单地把计划经济模式等同于社会主义经济制度。这种错误僵化的观念最终使经济发展陷于泥潭,成为苏联解体的经济根源。其次,苏共的政治民主体制蜕变使党形成了一个特殊利益集团,严重脱离群众。民主集中制是列宁对于国际工人阶级政党建设理论的一大贡献,成为世界各国共产党的组织原则。但从斯大林时期开始,党的民主集中制就开始逐步被削弱、抛弃,这使得党失去了"自我洁净"的能力。最后,党丢掉了自己的理论旗帜,否定了自己的历史,导致党内外思想混乱,将改革引入了歧途。"欲灭其国,必先灭其史"。从赫鲁晓夫开始到戈尔巴乔夫、叶利钦,他们从否定斯大林到否定十月革命,从否定社会主义建设的历史到否定苏共的光荣历史,在思想理论上造成了党内外思想的混乱,最终将苏共一步步推向了一条背叛马克思列宁主义,自我毁灭的理论道路。

（二）中国走中国特色社会主义道路的成功

进入改革开放新时期,以邓小平为代表的中国共产党人继续探索新的道路。在重新确立马克思主义思想路线的基础上,开创中国特色社会主义道路。中国特色社会主义道路就是在中国共产党领导下,立足基本国情,以经济建设为中心,坚持四项基本原则,坚持改革开放,解放和发展社会生产力,巩固和完善社会主义制度,建设社会主义市场经济、社会主义民主政治、社会主义先进文化、社会主义和谐社会,建设富强民主文明和谐的社会主义现代化国家。中国特色社会主义道路的开创,使社会主义发展与现代化建设、民族复兴有了更加紧密的联系,使国家富强与人民富裕以及个人幸福也有了更加紧密的联系。

中国特色社会主义开创了社会主义发展的崭新道路,实现了中国社会主义发展的历史性飞跃,是科学社会主义与中国国情相结合的产物,是马克思主义中国化的科学成果。正是在这条道路的指引下,中国社会产生了巨大力量推动历史前进,中国的建设和发展也取得了巨大的成就。

通过正反两方面的对比,我们可以清楚地看到,真理的价值也依赖于具体实现模式的正确与否。同一种真理,在不同的工程模式中,必然会产生不同的效益。

二、各种模式下的工程

工程活动的重要特征是创造一个新的存在物。一个新的存在物是各种规定的总和。各种模式大体上可以分为三类:规律的模式、价值的模式、理想的模式。所以,工程哲学首先必须处理这三类问题。

（一）不同规律之间的互动问题

要创造一个新的存在物,必须涉及不同方面的规律。这些不同方面的规律其作用可能相互加强，也可能相互抵消。例如，我们在进行机械加工时，根据力学原理进行分析，被加工的物体由于受外力作用产生变形，此时在物体内部必然相应地产生内应力，与其所承受的外力作用达到平衡。这样机械加工才能得以进行，并力求实现其加工要求，怎么解决这些实际的问题，正是工程师进行专业学习的目的。通过专业学习，对于不同规律在相互加强的时候与相互抵消的时候，我们能够区分重点和非重点，关键处和非关键处，能够以哲学的眼光正确利用规律。

（二）不同价值取向之间的冲突问题

被创造的新的存在物，给不同的社会主体带来不同的利益，所以，围绕着这个虚拟的存在物，会发生不同价值取向之间的冲突。例如，齐齐哈尔工程学院道桥专业参与青岛海湾大桥施工项目监理，参与到工程进度控制、工程质量控制、工程投资控制、工程安全生产控制、合同管理及信息管理工作之中。这里，施工方所追求的价值与投资方和最后的使用方所要求的价值是不一样的。如果说不同规律之间的互动问题尚可以从书本中学到，那么不同价值取向之间的冲突问题就只能在实践中探索并加以解决了，要站在哲学的高度，具体问题具体分析。

（三）不同理想之间的设定问题

理想水平的高低、理想类型的结构制约着创造物的状态，设定一个什么样的理想状态，关乎创造物的类型和层次。齐齐哈尔工程学院是由最初的自考助学这样一个非学历高等教育学校转变、发展而来的。统计数据表明，当年90％以上的同类型的学校，今天都已不存在。正是由于齐齐哈尔工程学院全体教职员工具有高层次的理想、非凡的勇气和魄力，才使学校得以生存，并发展成今天的本科学历教育学校。所以，站在哲学高度思考工程问题，有时甚至关系到这个"创造物"的生死存亡，我们必须加以重视。

工程哲学中的三类问题，都围绕一个核心展开，这个核心就是工程与模式的关系问题。规律、价值、理想三个不同的维度，制约着模式的实现方式。所以，模式的实现方式问题就是工程哲学的基本问题。

三、真理与谬误

真理是在与谬误的相互作用的过程中向前发展的。在工程决策中，专家要敢于坚持真理，决策者要服从真理，要敢于否定错误方案，修正不完善的方案，做到科学决策。工程方案形成以后，还要付诸工程实践进行检验。工程方案及其中的工程理念正确与否，不能由长官或某些技术权威说了算，只能由实践过程和结果证明。在工程实施过程中，既不能主观随意地变更既定的建设方案，又要勇于改变既有方案中被实践证明不完善的地方。

三峡工程可能引发大旱就是一个例子。修建水利设施的目的是取得良好的效益，这里的效益不仅仅包括经济效益，更应该包括生态效益、民生效益等。而贪大求阔，经济利益压倒一切，恰恰是水利建设的大忌。当年，三峡大坝是在一片欢呼声中上马的。前前后后历时17年，共耗资近千亿。但是，也带来了一系列问题。2010年以来，长江中下游地区降水达到50年来最低水平，主要江河累计来水量较多年同期偏少一至七成。耕地受旱面积为9 892万亩，有497万人、342万头大牲畜因旱饮水困难。近年来，中国频现异常气候,西南大旱、重庆酷热、两湖流域暴雨等,三峡时常成为矛头所指。虽然现在的手段和观测数据还没有证据显示三峡工程引发了长江中下游的旱情,但仍然需要引起我们的关注。为此,国务院常务会议讨论通过《三峡后续工作规划》,提出要妥善处理三峡工程蓄水后对长江中下游带来的不利影响。这让我们看到了真理的曙光,实事求是的原则正在回归。

第三节　工程中的思维方式——理性认识世界

一、工程思维

工程思维广泛地渗透于工程决策、工程设计、工程构建、工程运行以及工程价值评估等工程活动的各个环节之中,所以它不仅在很大程度上决定着工程本身的效率、效益与成败,而且深刻影响着人类的存在与发展。

（一）工程思维的内涵

工程思维是思维主体处理工程活动中的信息及意识的活动,是人或人工智能通过特定方式处理工程中问题的过程。工程思维是建造人工物的实践活动,工程思维是贯穿于这种工程实践活动全过程的最主要的思维活动,离开了它,工程活动根本无法进行。工程思维的内涵有以下几个方面:

1. 工程思维必须体现强烈的时间价值观念

具有丰富工程管理经验的项目管理者对于项目时间资源的重要性,都会有深刻感受。项目时间管理是一个普遍存在的问题。例如,国际项目管理专家D. Frame博士1997年的统计资料清楚地表明,在项目进度方面,项目拖期的有69%,其中严重拖期的占35%,由此可见一斑。在新项目管理者的概念里,一寸光阴价值千万"金"。

2. 工程思维必须体现整体性和大局意识

在工程运行中,工程师应当树立整体性和全面性的思维,应当建立起工程成本的全生命周期性概念。关于工程成本,人们往往存在某些误区,其中,缺乏对工程项目生命周期的全面理解是一个重要方面。工程总承包通常是以概念设计阶段和方案设计阶段为基础确定合同价款的,因此,设计对工程成本的贡献始终存在,工程成本在合同成本基础上发生较大浮动不仅是工程客观规律,而且具有合法性。

3. 工程思维要求正视工程质量的社会认可性和质量责任终身制

工程思维的一个重要方面,就是要牢固树立工程质量的社会评估认定问题。工程质量责任终身制,准确地说,是指工程项目的承担者,包括设计、施工和物业管理单位,其负责的工作的质量责任涵盖了工程的整个生命周期。也就是说,企业所负责的工程项目,其质量几乎是没有交付日期的。

4. 工程思维必须深刻理解产品与过程的集成具有双刃剑的作用

本质上,工程总承包的核心内涵就是"设计—施工"一体化。按照现代先进的制造理念,"设计—施工"一体化,就是产品技术与过程技术的集成。如果没有科学的基础、可靠的技术、优秀的人才和先进的管理,产品与过程集成的结果,一定会损害到工程目标中的某个方面:要么是没有实现项目的成果性目标,要么是大大突破了项目约束性目标。所以,培养工程思维,要深刻理解产品与过程的集成,处理好这两个方面的关系。

(二)工程思维方式

思维方式就是思维主体在实践活动基础上借助于思维形式认识和把握对象本质的某种手段、途径和思路,并以较为固定的、习惯的形式表现出来。工程思维方式有多种,其中最重要的是辩证性思维方式。

1. 创新性思维

创新性思维是指工程主体作为市场主体,在高科技革命中,打破传统的自给自足的封闭意识,更新观念,使自己的生产经营活动标新立异,独树一帜,从而在激烈的市场竞争中立于不败之地。

2. 变异性思维

变异性思维是指利用人们对客观事物的直观感觉所造成的一种心理上的错觉,去进行工程主体创新,出人意料地创造出某种强烈的工程美感,从而获得立意奇妙的效果。

3. 多元性思维

多元性思维是指在一定的时空中,从不同的视角,全方位地观察事物。改革开放以来,我国的经济体制格局中呈现出公有、私营、个体、中外合资等多元经济成分并存的局面;在社会分配方式中,出现了不同分配形式并存的状况;在交往方式中,由于互联网在全球兴起,并日益渗透到人们的生活中,网络化的交往方式将个体置于世界的多元变化和多层次的交往中。面对这种实情,工程主体不能熟视无睹,而应从不同的角度,不同的层次出发,去分析和了解当今条件下人们对工程的需要,以满足社会的需求。

4. 预测性思维

预测性思维是指当今时代的人们想着将来,思考现在,通过对未来的预测规划,指导当前的活动。预测性思维是高科技发展的需要,也是工程主体在市场竞争中的重要思维方式。在市场经济条件下,生产力和科学技术的迅速发展,使现代社会面貌变化加快,市场行情瞬息万变。随着科学技术向生产力转化周期的缩短,产品更新速度加快,工程企业之间的竞争空前激烈。要在这个时代生存下来,就必须科学地预测工程的未来发展趋势,挖掘人们的未来需求。

5. 逆向性思维

所谓逆向性思维是指不同于常规的顺向思维的背反性思维。在工程企业竞争日益加剧的情况下,采用这种思维方式,往往可以收到意想不到的效果。

6. 辩证性思维

辩证性思维是指以变化发展的视角认识事物的思维方式,通常被认为是与逻辑思维相对立的一种思维方式。在逻辑思维中,事物一般是"非此即彼""非真即假",而在辩证思维中,事物可以在同一时间里"亦此亦彼""亦真亦假"而无碍思维活动的正常进行。现代工程最需要这种思维方式。

二、工程活动的思维特点

工程活动的典型特征是创造一个世界上原本就不曾有的存在物。所以它的本质特征是超越存在和创造存在。它在思维特征上不同于以往我们参与过的其他活动,诸如学习、生活、娱乐、班级管理等,它更看重活动具有的社会价值。工程活动的思维具有以下特点:

(一)超前性

它是将要存在的事物,而不是现实存在的对象。例如,齐齐哈尔工程学院 2008 年开始建设的汽车博览(教学)中心。建筑工程师在没有盖汽车大楼之前,在他的脑海中就已经有这栋大楼了。他所做的一切,就是为了将在他思维中虚拟的大楼变成现实中的大楼。

(二)理想性

它代表了人的主体意愿和主观意图。工程是个从无到有的过程,其中包含了人对物的理想。齐齐哈尔工程学院汽车博览(教学)中心共六层,每层做什么用?怎么样根据用途来施工?这些都包含于学校建设者的主体意愿和主观意图中。

(三)建构性

它是实践主体根据自己的意图,将现有的技术资源和物质资源重新整合、建构的过程,思维推理过程具有建构推理与整合思维的特点。对于人力、会计这些企业管理者而言,管理工程就是重新整合企业现有资源,使人尽其才,物尽其用。

(四)转化性

工程活动是将一个观念的存在通过工程过程转化为现实的存在,其间经历一个由观念存在到现实存在的转化过程,通过工程师的创造活动,建设一个崭新的物质世界,或者构建了丰富多彩的现实存在,在工程活动转化的过程中,人的价值得到体现。

(五)协调性

工程思维中要处理多重规律的冲突问题和多重条件的约束问题。它要应用不同的规律,适应不同的条件并且要按照一个总的目标整合起来,通过特定的操作去实现一个工程对象。所以,协调不同规律的冲突和不同条件的约束是工程思维的重要特征。工程思维的这些特征也决定了工程哲学的问题、内容和方法的特点。

三、辩证思维的基本方法

对工程而言,辩证思维方法是一个整体,它是由一系列既相互区别又相互联系的方法组成的,其中主要有以下几种。

(一)归纳与演绎

归纳与演绎是最初也是最基本的思维方法。归纳是从个别上升到一般的方法,即从个别事实中概括出一般的原理。演绎是从一般到个别的方法,即从一般原理推论出个别结论。如:齐齐哈尔工程学院汽车服务工程的同学,在第三学期的实习中发现了长安之星发动机常有问题,其发动机型号为 JL474Q,博世 M7 系电控系统,16 气门。停车时急加油门发动机反应慢,行驶过程中换挡发动机无法加速。故障码为闪码驱动,历史电压低。

更换过点火线圈、节气门位置传感器、进气压力传感器、汽油泵,清洗过喷油嘴,故障仍在。对多辆同类型问题车辆进行分析,得出问题所在:

(1)油压调节器损坏,导致供油不足;

(2)气缸压缩压力减少,检查气门、火花塞、气缸垫是否渗漏。

(3)火花塞间隙不当或损坏;

(4)油门踏板与节气门调节不当。

进而,把这些分析推广到其他长安之星发动机上,使我们在以后的检测维修中很快找到问题所在。

(二)分析与综合

这是更深刻地把握事物本质的思维方法。分析是在思维过程中把认识的对象分解为不同的组成部分、方面、特性等,对它们分别加以研究,认识事物的各个方面,从中找出事物的本质;综合则是把分解出来的不同部分、方面按其客观的次序、结构组成一个整体,从而认识事物的整体。在上一个例子中我们用归纳和演绎的方法分析了问题的一般情况,下面再用分析与综合的方法做进一步分析。

(1)汽油压力调节阀不易损坏,有可能被堵住但供油压力不会不足,只会影响回油,所以排除。

(2)故障码得到的信息不足,需要看车子状况,怠速是否抖动,是否有明显的缺缸现象,如果抖得厉害则还有火花塞没试过,同时检查气缸压力。

(3)检查油路。其他的也都要检查。油质是否有问题,汽油压力在加油门时怎样变化,如压力怠速时急加油门压力略有下降,说明气滤很有可能被堵塞,从而导致供油不足。

经过对不同情况的再分析,得出结论,此故障很有可能是油路问题。

(三)抽象与具体

没有抽象的思维方式和思维活动,就没有整个哲学领域的存在,也就没有人类文明,人类就永远在具象世界作为没有文化的生物存在。这一思维方法是通过从具体到抽象,又从抽象到具体的过程,达到对事物的真理性认识。抽象与具体是辩证思维的高级形式。

例如,齐齐哈尔工程学院机电系材料131班的学生发明的"改良版的推雪器",就是在扫雪过程中遇到的具体问题,变抽象为普遍存在的问题。普通的推雪器推雪面较小,将几个小型的推雪器按照犬牙交错的方式连接起来,办法是将推雪器的一端焊接上一个固定栓,类似于插销的装置,每一个推雪器上都在两边焊一个插口,一个栓。然后每两个推雪器就能用插销连接在一起,形成一个更大的铲面,推雪的面积就会大大增加。而铲把的末端利用三角形的稳定性原理,将其与铲子的背面完全固定,对于个人的施力也有一个很好的稳定性作用。通过发明创新,解决了扫雪中的难题,还运用了专业知识,并进行了哲学思考,体现了哲学思维方式中从抽象到具体的哲学原理。

(四)逻辑与历史

从抽象上升到具体的过程同时也是以逻辑必然性再现对象的历史发展的过程,逻辑与历史的统一是从抽象上升到具体的内在要求。辩证思维中的历史范畴,一是指客观实在自身的历史,二是指反映客观实在的认识历史。逻辑的东西和历史的东西是辩证统一的。逻辑的东西是"修正过"的历史的东西。工程哲学思维方法的培养,注重培养学生的思辨能力,学生在工程实践中,肯定会遇到这样那样的问题,犯过这样那样的错误,培养一种辩证的思维方式,才能够正视历史,敢于承认历史,敢于承认错误,敢于面对未来。

以上,我们通过汽车服务工程和材料专业学生的例子了解了思维方式的应用,更重要的是我们要能够做到举一反三,扩展到不同的专业领域中去,丰富思维,帮助我们实现更多的"创造物"。

四、工程思维的重要性

当今世界,随着科技的发展,工程实践活动越来越复杂化、规模化,它深刻地影响甚至决定着人类的命运。工程思维作为贯穿于工程全过程的最主要的思维活动,在很大程度上决定着工程本身的效率、效益与成败。

例如,齐齐哈尔工程学院工程造价07级学生,在参与一项建筑工程的监理过程中,由于施工方在前期投标中非正常支出过高,导致施工方已无利可图,甚至可能负债施工,所以建筑方打算通过送红包的方式让该同学放其一马,让他们使用劣质原材料,以求降低成本。该同学断然拒绝了施工方的贿赂,坚守了监理人员的基本职业道德。但同时,他也站在施工方角度考虑问题,争取为其挽回经济损失。他经过研究,发现合同中规定:只要能够保质保量,在此前提下每提前一天完工,建筑方奖励一万元。这样,该同学精心设计施工作业,合理调配施工进度,使得工程提前一个月完成。施工方虽然没有从工程当中获利,但可以从提前完工奖励中获得报酬,使得各方皆大欢喜。

从上述例子当中,我们可以看到,通过辩证的思维方法,以及科学的组织方法,可以更好地实现工程乃至于工程共同体的其余成员在工程实践中落实科学发展观,去实现和谐社会的理想。

知识链接

长江三峡工程建设管理的实践

长江三峡是当今世界规模最大的多目标开发水利枢纽工程。三峡工程18年的建设管理实践是进一步认识自然和客观世界的过程,管理部门以科学严谨的态度,大胆地运用先进的工程技术,在建设和管理过程中既坚持从实际出发,又努力开拓创新。

一、关于工程管理的一般性理念

工程项目的管理就是为实现已经确定的项目目标,在有限的资源条件下,对实施过程的组织和控制。组织就是管理体制,也就是对各方实施者的职责和权限的定位,而控制则贯穿项目管理的全过程。

工程项目管理的完整过程可以分为三个阶段:项目前期的决策管理阶段、项目的实施管理阶段和项目目标的运行管理阶段。项目管理程序如图3-1所示。

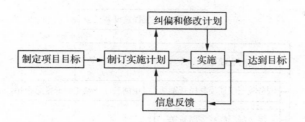

图 3-1　项目管理程序

二、长江三峡的决策背景和决策程序——第一阶段的管理

长江三峡工程是人类在自然界中一项巨大的造物行为,其目的是改善人类生存环境和创造可持续发展的未来。工程改变了长江及长江流域原有的环境和生态,对其利与弊,不仅要运用现代科技予以兴利除弊,更要用哲学思维加以分析思考。

三峡工程是开发和治理长江的关键性骨干工程,具有防洪、发电、航运等巨大的经济和社会效益。412 名资深的科学家、工程师、地方基层代表对长江三峡工程的 14 个专题进行了长达 4 年的科学论证,于 1990 年提出了三峡工程的可行性论证报告,并由国务院直接组织了高层资深专家,综合分析处理了地质、水文、泥沙等数据,进行了最终的审定。具体的分析论证框架如图 3-2 所示。

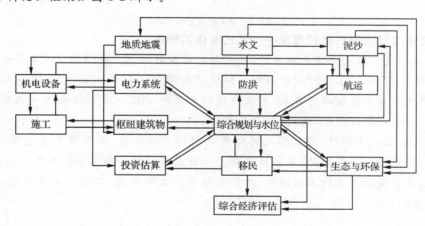

图 4-2　三峡工程分析论证框架

三、长江三峡工程项目的实施管理——第二阶段的管理

（一）组织框架

国务院在 1993 年成立了三峡工程建设委员会,由国务院总理担任委员会主任,有关部委和省市领导担任委员,作为三峡工程建设重大问题的最高决策机构。

三峡工程项目管理体制如图 3-3 所示。

（二）决策过程

三峡工程不论在设计上还是施工过程中都有一系列重大问题。准确而果断地决策是三峡工程建设不走弯路、建设成功的关键因素。三峡工程从实际出发,又不拘泥于固有的经验和习惯,发挥集体智慧,鼓励创新思维,敢于创新,成功地决策了一系列重大的管理和技术问题,有力地保证了工程的实施。

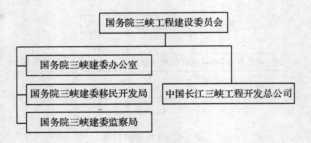

图 3-3　三峡工程项目管理体制

（三）质量控制

三峡工程成功的关键在于工程的质量。为此，三峡总公司建立了一套完善的质量保证体系，加强质量意识，严格控制工程质量。三峡工程质量检查体系如图 3-4 所示。

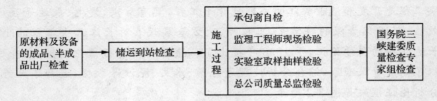

图 3-4　三峡工程质量检查体系

四、三峡工程的运行经营管理——第三阶段的管理

为保证三峡工程安全稳定地运行，三峡总公司及时成立了梯级通信调度中心、枢纽管理部和三峡电厂，形成了运行管理机制。梯级通信调度中心根据水情、气象预报，并综合防汛、电力生产和交通航运的要求，对三峡枢纽和葛洲坝枢纽实行联合统一调度，优化梯级枢纽的工况，以取得安全、稳定、高效的运行。

长江三峡工程是时间、历史和人的智慧共同作用的结果，是人在大自然中的造物过程。同时，它又是一个科学的、理性的工程。只有在不断的实践中深化和提高人类的认识能力，才能不断提高人类的工程能力，才能不断升华工程理念，工程与自然和社会的关系才能愈来愈和谐。

思维训练

1. 请你收集网上资料，并结合本教材的分析，用工程思维来分析 2011 年三峡地区大旱与三峡工程的关系。

2. 结合专业举例说明三峡工程运用了哪种工程哲学思维方法。

第四章　工程中的方法论

授之以鱼，不如授之以渔

有个老人在河边钓鱼，一个小孩走过去看他钓鱼。老人技巧纯熟，所以没多久就钓上了满篓的鱼。老人见小孩很可爱，要把整篓的鱼送给他，小孩摇摇头，老人惊异地问道："你为何不要？"小孩回答："我想要你手中的钓竿。"老人问："你要钓竿做什么？"小孩说："这篓鱼没多久就吃完了，要是我有钓竿，我就可以自己钓，一辈子也吃不完。"我想你一定会说："好聪明的小孩！"错了，他如果只要钓竿，那他一条鱼也吃不到。因为，他不懂钓鱼的方法。光有钓竿是没用的，因为钓鱼重要的不在钓竿，而在钓鱼的方法。有太多人认为自己拥有了人生道路上的钓竿，便再也无惧路上的风雨，如此，难免会跌倒于泥泞地上。就如小孩看老人，以为只要有钓竿就有吃不完的鱼；又像职员看老板，以为只要坐在办公室，就有滚滚而进的财源，其实不然。

哲学观点

马克思说过："哲学家们只是用不同的方式解释世界，而问题在于改变世界。"怎样改变世界、怎样更好地改变世界是方法论的问题。现代工程是现代社会实践活动的主要形式之一，工程方法论对自然工程和社会工程都具有一定的指导作用。

导　言

工程是由多种工程要素组成的复杂系统，从这层意义上来说，工程系统分析方法是工程方法论中最重要的分析方法。运用工程系统分析的方法，能够进行工程决策和工程设计，提出解决工程问题的方案，树立正确的工程理念，为工程的可持续发展服务。

第一节 工程方法论——
善弈者谋局,不善弈者谋子

一、工程系统

我国著名科学家钱学森给出了系统的一个定义:系统是由相互作用和相互依赖的若干组成部分结合而成具有特定功能的有机整体,而且这个系统本身又是它所属的一个更大系统的组成部分。系统具有一定的层次结构,各部分之间存在着相互作用的关系,各部分相互作用形成一个整体,系统的功能就是整体行为的表现。工程作为人类活动的产物,是由多个环节相互作用建构成的一个系统。

(一)工程是一个系统

任何工程都是由多种工程要素组成的复杂系统。首先,工程是一个过程系统,它包含着科学试验、技术发明、工程设计、工程模拟、工程建造等多个环节。其次,工程是一个多种要素集成的有机整体,需要人力、物料、设备、技术、信息、资金、土地、管理、制度等要素,按照特定目标及技术要求组合而成,并受到自然、社会等环境因素广泛而深刻的影响。最后,工程的影响要素众多,如环境因素、人为因素、经济因素等。

工程是一个动态联系的系统,是一个充满矛盾的、不断创新的、交叉立体的、"天人合一"的系统,是一个内涵丰富、文化深厚的系统。我们必须从工程系统的整体性这一根本特征出发,全面研究和把握工程系统。工程系统为环境所包围,受环境的影响和制约,受社会关系的影响和制约。工程系统一经产生就表现出多样性、稳定性和变异性的特征,工程系统是稳定性和变异性的对立统一,在稳定与变异过程中工程系统自我运动、自我调节,经历诞生、成长、成熟和衰亡的过程。

工程系统论有助于我们从总体上去把握工程整体,掌握工程系统分析方法有利于工程建设的顺利进行。

(二)系统分析与工程系统分析

1. 系统分析

人们对自然科学与人文、社会科学方法论的认识,本质上是人们从认识规范的角度对科学的哲学理解。因而,它服从一定的科学观和哲学观。系统分析是研究的最基本方法,我们可以把一个复杂的工程项目看成工程系统,通过工程系统目标分析、工程系统要素分析、工程系统环境分析、工程系统管理分析,找到准确、科学、有效率的工程实施方案,达到预期的工程目标。

系统分析是在对系统问题现状及目标充分挖掘的基础上,运用预测、优化、仿真、评价等方法,对系统的有关方面进行定性与定量的分析,为决策者选择满意的系统方案提供决策依据的分析、研究过程。在系统分析阶段,系统的逻辑结构应从以下三个方面反映系统的功能与性能:完整描述系统中所处理的全部信息,完整描述系统状态变化的行为,详细描述系统的对外接口与界面。

2. 工程系统分析

系统分析方法是指把要解决的问题作为一个系统,对系统要素进行综合分析,找出解决问题的可行方案的分析方法。系统分析方法的具体步骤包括:限定问题、确定目标、调查研究并收集数据、提出备选方案和评价标准、备选方案评估和提出最可行的方案。系统分析是一种研究方略,它能在不确定的情况下,确定问题的本质和起因,明确咨询目标,找出各种可行方案,并通过一定标准对这些方案进行比较,帮助决策者在复杂的问题和环境中做出科学抉择。将这种系统分析的方法运用于工程之中,可得出工程的系统分析方法,具体来说,就是将工程看作一个系统,对这个系统进行整体分析、结构分析、相关分析、环境分析、随机分析等,就可以得到解决工程中出现的问题的方法。

二、工程方法论

方法论是处理问题或从事活动的方式,它构成了完成一项任务的一般途径或路线。工程方法论提供了组织、计划、设计和实施工程活动的基本原则,但它不能详细说明如何进行一项具体的、个别的研究,每一项研究都具有特殊性。

(一)工程方法论的概念

工程方法论是从哲学根本原理具体化和从科学技术原理提炼、概括而成的一个开放的、发展的方法论体系和框架,它共包括既相互联系又相对独立的九个理论——发展论、联系论、系统论、定量论、决策论、逻辑论、心理论、美学论、历史论。工程方法论主要围绕工程思维及其运动规律、科学思维、技术思维与工程思维之间的关系,从工程辩证法、工程设计与建构、工程控制、工程方法体系等方面来展开探索和研究。本部分着重涉及系统论的研究。

(二)工程方法论的特点

"科学—技术—工程"的认识过程充分表明了现代科学技术的认识论、方法论具有如下特点:

1. 实践性

"科学—技术—工程"是人类认识世界、改造世界最基本的实践活动。

2. 能动性

科学发现、技术发明、工程创造,都突出地表现了人的主观能动性。

3. 辩证性

科学、技术与工程,三者是互相联系、互相作用、互相促进的。

工程活动的目的是"造物",其本体论的含义是:"物"无论是自然物还是社会物都是客观的,人的作用则是改变物的存在形式、改变物的运动状态或引起物的变化。

(三)工程方法论的哲学基础

当代工程设计与研究及各种工程活动领域都离不开哲学的指导,哲学是工程实践活动的方法论,工程活动及其过程充满着辩证法和唯物论。辩证法的核心是对立统一,用于工程系统研究,就是强调还原论和整体论方法的结合、分析方法与综合方法的结合、定性描述与定量描述的结合、局部描述与整体描述的结合、静力学描述与动力学描述的结合、理论方法与经验方法的结合、精确方法与近似方法的结合、科学理性与艺术直觉的结合，这些结合是工程系统方法论的精髓所在。工程呼唤哲学，哲学要面向工程。中国工程院院长徐匡迪说："工程问题显然不单纯是技术问题，重大的工程问题，必定有深刻、复杂的哲学问题。工程需要哲学支撑，工程师需要有哲学思维。"

（四）工程方法论的步骤

工程方法论要求对工程进行系统的、有步骤的、具体深入的分析和预测。因此，它可以分为如下步骤进行：

1. 明确目标

用方法论解决工程问题不外乎预测、评价、计划、规划、分析等工作，而无论做哪一项工作，首先都要弄清工作的目标、范围、要求、条件等，从广义来说称为目标。一般情况下，这些目标可以由提出任务的部门交代清楚，但也有这样的情形，提出任务的部门只能给出部分目标或含糊不清的目标，这时就需要进行调查、研究与分析后，才能明确目标。具体的目标一般通过某些指标来表达。

2. 收集资料，提出方案

根据所确定的总目标和分目标，收集与之相应的各种资料或数据，为分析系统各因素的关系做好准备。收集资料必须注意可靠性，资料必须是说明系统目标的，找出影响目标的诸因素，对照目标整理资料，然后提出能达到目标条件的替代方案。首先做总体设想，然后再精心设计。

3. 建立模型

模型描述的是对象和过程某一方面的本质属性，它是对客观世界的抽象描述。建立模型就是要找出工程的重要因素及其相互关系，即系统的输入、输出、转换关系，系统的目标及约束等。一般用从客观实体中观测到的数据来建立模型。通过模型，可确认影响系统功能和目标的主要因素及其影响程度，确认这些因素的相关程度，总目标和分目标的实现途径及其约束条件。模型要反映系统工程的实质要素，要尽量做到简单和实用。

（五）系统分析与评价

通过所建立的各种模型对替代方案可能产生的结果进行计算、测定和分析，考察各种指标能达到的程度。例如费用指标，应考虑投入的人力、设备、资金、动力等。不同方案的输入、输出不同，结果不同，得到的指标也会不同。在定量分析的基础上，再考虑各种定性因素，对比系统目标达到的程度，用标准进行衡量，这便是综合分析与评价。经过评价，最后应能选择一个或几个可行方案，供决策者参考。

第二节　工程决策——命运到底掌握在谁手中

工程决策决定工程的整体的成败，工程决策的成功大可造福千秋万代，小可造福工程实体，而失败的工程决策则可能贻害无穷，工程决策的失误是整个工程最大的失误。工程决策要遵循事物发展的客观规律，并发挥人的主观能动性，在调查研究的基础上做出正确的决策。

一、工程决策的概念和一般过程

(一)工程决策的概念

决策是根据客观可能性,借助一定的理论、方法和工具,进行科学的分析、正确的计算和判断后的一种行动规则,是人们将要采取的某个特定的行动的一个选择过程。工程决策是决策者(政府、企业或个人)针对拟建工程项目,确定总体部署,并通过对不同工程建设方案进行比较、分析和判断,对实施方案做出选择的行为。工程建设的总体战略部署,主要是根据问题与机会,确定在什么时间、什么地方建造什么工程。战略部署需要考虑工程的可行性、合理性、协调性与经济性,要把握自然规律和社会规律,充分调查研究,发挥人的主观能动性。

(二)工程决策的一般过程

工程决策是一个系统工程,包括工程实施前分析问题、解决问题的全过程。工程决策包括三个主要步骤:针对问题确定目标、处理信息并拟订多种备选方案、方案选择,如图 4-1 所示。

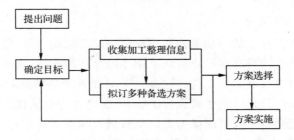

图 4-1　工程决策的一般过程

工程决策要运用物质世界普遍联系和发展的观点,遵循事物发展的规律性,在辩证唯物主义和历史唯物主义方法的指导下,分析问题的性质、特征、范围、背景、条件及原因,确定工程要实现的功能目标、技术目标、社会目标和生态目标等。

根据确定的工程目标,结合自然环境因素、技术状况、社会发展需要等对综合的信息进行加工整理,提出可能的工程实施方案。工程决策的可行性论证,必须要有不同方案的比较和不同意见的争鸣,才能形成相对完善的工程方案。

在对方案进行选择的时候,要运用全面、客观、发展的观点,选择理想的方案。

二、工程决策方法

工程决策中需要运用科学的方法,具体可采用以下方法:

(一)头脑风暴法

这种方法的核心是高度的自由联想,引起种种假设,产生众多设想。这种方法的结果是可以提供多种方案、多种可能和多种路径。

(二)对演法

通过对两个或多个截然不同的方案进行针锋相对的辩论,结果是可能融合出一个"最佳方案"。

（三）卡隆的行动网络法

反对单要素或少数要素决定论,避免决策中的片面性,特别是单纯的利益决定论或领导意志决定论;兼顾工程建设中的所有相关因素,全面考虑社会、文化、环境、技术等多种要素进行决策。

聚焦三峡工程,因为它仍是未完成的工程。处理气候影响、生态污染、地质灾害等一系列问题,可以视为"后三峡工程"。像三峡工程这样的国家重大工程,本身体现出一定的国家战略意志,投资规模极大,涉及的技术情况复杂,施工建设周期漫长,需要从国家层面动员、组织社会资源来建设。这类重大工程关系到经济、社会、生态、军事、文化等命题,具有一定的风险性,应由政府承担决策责任。要让重大工程实现科学决策,关键要处理好专家论证与政府决策的关系。很显然,专家论证是决策基础,其结果对于政府决策具有极其重要的参考价值。同时,要考虑民主决策的声音,全面考虑社会、文化、环境、科技、生态、经济等各方面的因素,才能保证三峡工程的永续利用。

三、哲学基本原理在工程决策中的应用

（一）普遍联系的观点

唯物辩证法认为世界上的一切事物和现象都是相互依赖、相互制约的,没有什么事物是绝对孤立的。任何事物只有在一定的联系中才能存在和发展,离开同其他事物的联系,绝对孤立存在的事物是没有的。工程问题是一个局部与全局的问题,许多从事工程工作的人,受专业局限,往往只是以专业眼光看工程,不能跳出专业从社会层面看工程,犯了机械唯物主义错误。工程技术人员应该努力避免机械唯物主义观念,全面认识局部与全局、部分与整体的关系,建立普遍联系的哲学观点进行工程决策分析。

（二）永恒发展的观点

世界是发展的。自然界的事物总是处在由低级到高级、由简单到复杂的运动过程中。人类社会发展的一般规律是从原始社会、奴隶社会、封建社会、资本主义社会再到社会主义社会和共产主义社会。有了发展才有了缤纷秀丽的自然界,才有了生生不息的人类社会,才有了日新月异的科技发展,才有了人类璀璨的物质文明和精神文明成果。既然一切事物都在不断地变化和发展,那么工程师在做工程决策的时候,就必须用发展、变化的观点来对待一切事物。要用唯物辩证的观点认识事物发展的规律性,按照事物的发展规律来改造世界。

（三）对立统一的观点

工程的实施与环境的保护构成了一对矛盾,任何大型工程的实施都会对自然生态系统产生一定的影响,所以工程师要在工程决策中,尽可能地遵循人与人、人与社会、人与自然之间的和谐原则,科学对待环境。正确认识人对自然的依存关系。自然界的一切事物都有自己运动和发展的规律,人的活动必然受到自然规律的制约。如果人们不按自然规律办事,必然受到惩罚。人类社会发展的历史已充分证明了这一点。生态破坏和资源枯竭,给人类的生存带来了巨大的危机。

埃及的阿斯旺大坝曾经是埃及民众和政府的骄傲,不仅提高了尼罗河灌溉、防灾、发电、养殖、航运等利用效益,而且可以利用水能进行发电。可是这个大坝建成后不久,它对环境的不良影响日益严重,逐渐改变了人们对它的评价。阿斯旺大坝带来的负面影响表现在对土地的影响上,它使尼罗河下游的土地肥力下降,加重了盐渍化;对海洋生物也产生影响,沙丁鱼数量在减少;对海岸地形同样产生影响,海岸遭到侵蚀而后退,一位原埃及士兵说,他曾站过岗的灯塔现在已陷入海中,距离目前的海岸竟然有 2 千米之遥。

第三节　工程设计——人是万物的尺度

一、工程设计的基本概念

设计是一个代表思维操作行为的概念,是指在人脑中进行的思维操作活动及其过程,是一种智力的社会力量。设计是人们认识过程的一个重要阶段——"思维具体"阶段。马克思在《政治经济学批判》导言中指出,思维的逻辑运动包括"完整的表象蒸发为抽象的规定"和"抽象的规定在思维行程中导致具体的再现"的完整过程。

工程活动既不是人们原始本能的活动,也不是简单、零散的"条件反射性"行为,而是人们有目的、有组织、有计划地"改变世界"的创造性活动。工程活动是社会主体——人的"人为性"最强的生存和建构活动,工程设计总是未然而应然。工程设计的目标对象是作为"实体"的工程本身,设计所追求的是让工程的属性最大限度地与工程主体属性的复杂状态相对应。因此,在现代工程活动中,设计是融起始性、定向性、指导性、价值性于一体的关键环节,也是一项工程得以顺利实施的基本逻辑前提,没有设计就没有工程,失败的设计决定的是失败的工程,平庸的设计决定的是平庸工程,成功的设计决定的是出色的工程。

工程设计是指对工程项目的建设提供有技术依据的设计文件和图纸的整个活动过程,是建设项目生命期中的重要环节,是建设项目进行整体规划、体现具体实施意图的重要过程,是科学技术转化为生产力的纽带,是处理技术与经济关系的关键性环节,是确定与控制工程造价的重点阶段。工程设计是否经济合理,对工程建设项目造价的确定与控制具有十分重要的意义。工程设计的实施则是根据建设工程的要求,对工程所需的技术、经济、资源、环境等条件进行综合分析、论证,编制工程设计文件的活动。

二、工程设计的基本观点

工程观是人们对工程及其发展的总体看法,是关于工程的存在方式及其发展规律、工程与人、自然与社会关系的根本观点。

传统工程设计观过分强调工程在人类征服自然过程中的作用,把人与自然对立起来,带来的后果是掠夺自然、浪费资源、破坏生态和污染环境,最终导致自然界对人类的报复,恶化人类的生存环境和生活质量。

现代工程设计观则是当代人在对现代自然资源枯竭、生态环境危机的哲学反思与对传统工程观剖析和批判的基础上,根据现代工程发展规律和运行机制以及工程问题的基本特征所构筑的崭新的工程理念。其核心是强调人类利用和改造自然的合理性、人与自然的和谐性,强调工程价值理性与工具理性的统一以及工程的全寿命周期。现代工程观认为,工程活动在满足人类生存和发展需求的同时,也必定要注重人与自然的良性持续发展,减小对自然和社会的负面效应,保持人与自然、社会的和谐共生。

三、工程设计的基本原则

合理的工程设计不是盲目随意的,必须遵循一定的原则性,工程设计的人文性原则、科学性原则、合理性原则与合法性原则是工程师在进行工程设计时必须首先遵循的原则。

(一)工程设计的人文性原则

所谓人文性,就是工程设计过程的文化、符号、意向、激情、意志、色彩等。由于现代社会的高度复杂性和多变性,人与人之间,群体与群体之间总是既通过互动建立相互依赖和相互协调的关系,又通过互动产生相互对立和相互限制的矛盾,整个社会贯穿着无数相互交叉的冲突关系,工程设计者应排除来自传统知识和公众常识的各种现成观念的干扰,在对工程对象要素进行反思性批判的同时,也对主观的各种自发意识进行反思性批判,以确保工程设计的客观性和公正性。

(二)工程设计的科学性原则

所谓科学性,是指工程设计必须有科学的理论做保证。在工程哲学领域中,工程设计不是也不应该是人们主观臆断的产物,而应该是理论的延伸和展示,这是工程设计科学性的基本前提。正如黑格尔所说:"精神在本质上是行动的,它使自己成为它自在地所是的东西,成为它的行动,成为它自己的作品——一个民族的精神就是这样。它的所作所为,就是使自己成为一个存在于空间之中的现在世界。"这恰恰是理论的本质,也是理论的功能,即为人们的工程设计提供思想保障和智力支持。人类对于自然规律和社会规律的正确认识是改造客观世界的前提,也是工程设计科学性的前提与基础。

(三)工程设计的合理性原则

所谓合理性,是指工程的内容应当符合工程的内在规律。工程设计是否具有逻辑的一致性,是否体现或者实现工程的目的诉求,是否能维系社会秩序,推动社会生产力发展是工程设计合理性原则的体现,也就是说工程设计要有效协调人与人、人与社会的关系,规范人类的行为,实现人的全面发展。同时,工程的合理性还要从多方面进行分析,例如国家有关工程建设的方针政策、现行建设设计标准规范、城市规划、消防、节能、环保等因素。总之,工程设计应按照设计任务书的要求,综合考虑设计方案的经济、技术、功能和造型等因素,就其能否发挥工程项目的社会效益、经济效益和环境效益进行合理分析。

(四)工程设计的合法性原则

所谓合法性,是指工程在社会层面存在的法理和价值基础。如果说工程的合理性强调的是工程系统如何有效进行,发挥工程的规范功能,那么工程设计的合法性则关心设计、选择、实施某一社会工程的具体理由和根据。工程的设计虽然是工程师意志的外化,但是,工程从来就不是中性的,工程设计需要在严格遵守技术标准、法规的基础上,对工程的条件做出及时、准确的评价,正确处理和协调经济、资源、技术、环境条件的制约,使设计项目能更好地满足人们所需要的功能和使用价值,能充分发挥项目投资的经济效益。

第四节　工程创新与可持续发展——
人不能两次踏进同一条河流

一、创新

创新是一个民族进步的灵魂,是一个国家兴旺发达的不竭动力,也是一个政党永葆生机的源泉。实践基础上的理论创新是社会发展和变革的先导。通过理论创新推动制度创新、科技创新、文化创新以及其他各方面的创新,不断在实践中探索前进,是我们的治党治国之道,是坚持和发展马克思主义之道。

坚持认识和实践的具体的、历史的统一,就要坚持理论创新和实践创新。

（一）理论创新

理论创新就是理论观点、思想体系不断根据实践要求进行新的、创造性的提升和发展。

（二）实践创新

实践创新,是由理论创新所指导的,即人们改造和变革客观世界的活动要富有创造性和超前性。

实践创新是理论创新的基础,实践创新决定理论创新;理论创新是社会发展和变革的先导,每一个理论创新都进一步推动了制度创新、科技创新、文化创新等其他方面的创新。

二、工程创新

（一）工程创新的概念

工程是直接生产力,工程创新是创新活动和建设国家创新系统的主战场。工程创新的过程是不断突破壁垒和躲避陷阱的过程。工程中不但包括技术要素而且包括非技术要素,必须以"全要素"和"全过程"的观点认识和把握工程活动。工程创新活动既包括理论上的创新也包括实践上的创新。

科学发现和技术发明活动只承认"首创性",而工程活动却以"唯一性"和"当时当地性"为基本特征。工程创新不是简单的"科学的应用",也不应是相关技术的简单堆砌和剪接拼凑,真正的工程创新是对各种相关工程构件的系统综合。工程创新的本质是集成性创新,可以是人们把某项新技术"第二次""第三次"与其他工程要素结合在一起从事工程活动。在工程创新活动中,绝对不能轻视、更不能否认创造性学习的地位和作用。

（二）工程师要有创新性思维

现代工程的复杂性和系统性决定了任何工程领域的建设特别是工程创新都需要多门

学科知识的集成,包括各种技术因素、社会因素和环境因素的集成,任何一项复杂工程问题的解决也都需要跨学科、多领域的各种科学技术的综合运用。

这就要求未来的工程师既要有精深的基础理论和专业知识,还要有广博的交叉学科和相关专业的知识,亦即具备厚实、集成的创新知识结构,能够打破学科壁垒,把被学科割裂开来的工程再还原为一个整体,以解决复杂的、大尺度的现实工程问题,不断实现工程创新。现代工程师应具备基础学科知识、专业技术知识、相关学科知识和人文社会科学知识等四个方面的合理工程创新知识结构。

三、工程的可持续发展

在工程可持续发展理念的参照下,作为时代精神的工程哲学必须从简单的经济决定论转向以"人的全面发展"为终极关怀的领域;作为人类生存之本的工程建设理念必须从"征服自然"调整到构建和谐社会的哲学理念。在构建和谐社会的进程中,工程与哲学达成了共识的理论基础。哲学需要在工程建设中贯彻并反思"人的全面发展"的终极关怀;工程需要在哲学层面实现从征服到和谐的理性变迁。

工程可持续发展及构建和谐社会需要新的工程观,需要体现以人为本及人与自然、人与社会协调发展的核心理念。造福人类是工程的绝对命令,工程活动应体现人、自然与社会三者的"和谐"。当代工程规模越来越大,复杂程度越来越高,与社会、经济、产业、环境等的关系也越来越紧密。这就要求我们从"自然—科学—技术—工程—产业—经济—社会"的"知识—价值链"中来认识工程的本质和把握工程的定位。

因此,我们必须树立正确的工程理念:以人为本,人与自然、社会和谐发展;资源节约、环境友好、循环经济;要素优选、组合和集成优化,追求不断创新与工程美感等,为工程的可持续发展服务,为人类世界的和谐共生服务。

知识链接

习近平新时代中国特色社会主义思想贯穿的方法

这里所说的方法,是与马克思主义世界观相统一的方法论,它是指导我们正确认识和改造世界的根本思想方法和工作方法。习近平新时代中国特色社会主义思想,运用辩证唯物主义和历史唯物主义世界观和方法论,既部署"过河"的任务,又指导如何解决"桥或船"的问题。具体体现为科学的思维方法、务实的工作方法、高超的领导方法、踏实的学习方法。

1. 科学的思维方法

习近平新时代中国特色社会主义思想坚持了战略思维、创新思维、辩证思维、法治思维和底线思维。

(1)用战略思维规划问题

战略思维的基本内涵是战略整体观或全局观。习近平新时代中国特色社会主义思想从全局角度以长远眼光看问题,从整体上把握事物发展趋势和方向,体现出恢宏的战略思维。战略思维要观大势、定大局、谋大事,善于从政治上认识和判断形势,善于从全球视野中谋划事业发展,把当今世界的风云变幻看准、看清、看透,在权衡利弊中做出最为有利的战略抉择。习近平总书记指出,全面深化改革是一项复杂的系统工程,应有总体设计和总体规划,要加强顶层设计,增强改革措施的系统性、协调性,使各项改革举措在政策取向上相互配合、在实施过程中相互促进、在实际成效上相得益彰。习近平总书记关于"两个一百年"奋斗目标的论述、关于"中国梦"的论述、关于"四个全面"战略布局的论述、关于新型大国关系的论述等,都体现出顺应大趋势、把握大方向、谋划大格局的战略思维方式。

(2)用创新思维解决问题

创新思维是指对事物间的联系进行前所未有的思考,从而创造出新事物的思维方法。创新思维的内容包括理论创新、制度创新和科技创新以及军事创新四个方面。习近平总书记强调,我们党之所以能够历经考验磨难无往而不胜,关键在于不断进行实践创新和理论创新。对于制度创新问题,习近平总书记指出,要推进人民政协理论创新、制度创新、工作创新,丰富民主形式,畅通民主渠道,有效组织各党派、各团体、各民族、各阶层、各界人士共商国是,推动实现广泛有效的人民民主。关于科技创新,习近平总书记强调:"科技兴则民族兴,科技强则国家强。突破自身发展瓶颈,解决深层次矛盾和问题,根本出路就在于创新,关键要靠科技力量。"对于军事创新问题,必须"面对世界新军事革命的严峻挑战和难得机遇,只有与时俱进、大力推进军事创新,才能尽快缩小差距、实现新的跨越。"

(3)用辩证思维分析问题

辩证思维就是承认矛盾、分析矛盾、解决矛盾,善于抓住关键、找准重点,洞察事物发展规律的思维。习近平新时代中国特色社会主义思想中充分体现了对辩证思维的运用,其中比较突出的就是坚持"两点论"与"重点论"的辩证统一。习近平总书记强调,我们既要善于全面思考,又要善于突出重点,善于抓主要矛盾和矛盾的主要方面。习近平总书记在论述国内改革问题时强调,要有强烈问题意识,既要以重大问题为导向,又要全面深化改革;在论述党风廉政建设时,坚持"八项规定"、紧紧抓住反"四风"改作风这个重点;在论述国际关系时,强调要坚持以和平方式解决国际争端。

(4)用法治思维增强依法执政本领

法治思维就是将法律作为判断是非和处理事务的准绳,要求崇尚法治、尊重法律,善于运用法律手段解决问题和推进工作。习近平总书记在党的十九大报告中指出,全面依法治国是中国特色社会主义的本质要求和重要保障,也是国家治理的一场深刻革命。必须把党的领导贯彻落实到依法治国全过程和各方面。必须坚持法治思维,增强依法执政的本领。党的十九大报告强调,要坚持党的领导、人民当家做主和依法治国的有机统一。习近平总书记指出:"保证和支持人民当家做主不是一句口号,不是一句空话,必须落实到国家政治生活和社会生活之中。"

(5)用底线思维把握原则问题

底线思维是指根据一定的原则和立场,客观地设定最低目标,立足最低点,争取最大期望值的一种积极的思维方式和方法。在底线思维时强调:"干部廉洁自律的关键在于守住底线。"坚守四条底线:一是坚守政治底线。二是坚守纪律底线。三是坚守做人底线。

四是坚守诚信底线。底线思维的主要特征是原则性，即在原则面前毫不退让，坚守根本立场，并坚持到底。强调增强底线思维，凡事从坏处准备、努力争取最好的结果，认真评判重大决策的风险和可能出现的最坏局面，把应对预案和政策措施谋划得更充分、更周密，做到有备无患、遇事不慌，处变不惊、应对自如。发展进入新阶段、改革进入深水区，面对各种困难和风险，最考验领导干部勇气与智慧的，就在于能不能看到"坏处"，会不会解决"难处"，敢不敢争取"好处"。

2. 务实的工作方法

（1）抓落实的工作方法

习近平总书记强调务实的工作方法，他指出："我们的所有成就，都是干出来的。这里的关键，就是始终注重抓落实。如果落实工作抓得不好，再好的方针、政策、措施也会落空，再伟大的目标任务也实现不了。"

（2）调查研究的工作方法

要注重调查研究。重视调查研究，是我们党在革命、建设、改革各个历史时期做好领导工作的重要传家宝。习近平同志30年前在福建宁德工作时就创造了"四下基层"工作法。深入一线、掌握第一手详细资料是习近平同志的工作作风，他向来有跑遍所在工作区域内基层的工作习惯，从正定、厦门、宁德、福建、浙江、上海直到中央，他始终保持着高频次的调研风格。从调研中发现问题，从调研中总结国情，从调研中寻求规律；在调研中孕育新思想，在调研中产生新理论，在调研中形成新措施，在调研中谋划新战略。曾经有一张图：习大大去哪了？说明了习近平总书记调研行程的密集。

3. 高超的领导方法

（1）要发挥领导干部做表率的方法

习近平总书记认为，领导干部是公众人物，其一言一行对社会具有很强的导向作用。因此领导干部要在改进作风上做表率，正所谓"上行下效"。习近平总书记指出："必须领导带头，以上率下。正人必先正己，正己才能正人。中央怎么做，上层怎么做，领导干部怎么做，全党都在看。首先从中央做起，各级主要领导亲自抓，做表率，是这次活动取得成效的关键。"

（2）科学有效的选人用人的方法

选人用人始终是关系党和人民事业的关键性、根本性问题。习近平总书记一再强调："治国之要，首在用人。"党的十九大报告提出，建设高素质专业化干部队伍。党的干部是党和国家事业的中坚力量。要坚持党管干部原则，坚持德才兼备、以德为先、坚持五湖四海、任人唯贤，坚持事业为上、公道正派，把好干部标准落到实处。好干部要做到信念坚定、为民服务、勤政务实、敢于担当、清正廉洁。

4. 踏实的学习方法

习近平总书记指出："好学才能上进。中国共产党人依靠学习走到今天，也必然要依靠学习走向未来。"

（1）只争朝夕的学习意识

重视学习，善于学习，是我们党的优秀传统。尤其是在党的事业重大转折时期，全党上下更是把学习放在突出位置来抓，已经成为推动党和人民事业发展的一条成功经验。

习近平总书记指出，领导干部是否重视马克思主义理论学习，绝不仅仅是个人的事情，"而是关乎党和国家事业发展的大事情""完成党的十八大提出的各项目标任务，必然会遇到来自各方面的困难、风险和挑战，而要顺利完成预定的各项目标任务，关键就看我们有没有克服、战胜那些困难、风险和挑战的能力""必须大兴学习之风，坚持学习、学习、再学习"。党的十九大报告指出："历史只会眷顾坚定者、奋进者、搏击者，而不会等待犹豫者、懈怠者、畏难者。"把学习型放在第一位，是因为学习是前提，学习好才能服务好，学习好才有可能进行创新。

（2）系统全面的学习内容

习近平总书记强调，要坚持干什么学什么、缺什么补什么，有针对性地学习掌握做好领导工作、履行岗位职责所必备的各种知识，努力使自己成为行家里手、内行领导。因此，我们的学习应该是全面的、系统的、富有探索精神的，既要抓住学习重点，也要注意拓展学习领域；既要向书本学习，也要向实践学习；既要向人民群众学习，向专家学者学习，也要向国外有益经验学习。学习有理论知识的学习，也有实践知识的学习。习近平总书记指出，认真学习马克思主义理论，这是我们做好一切工作的看家本领，也是领导干部必须普遍掌握的工作制胜的看家本领。领导干部学习马克思主义理论，在内容上应该是多层面、多维度的，其中主要的是做到"四学"，即学习马克思主义中国化的理论成果，学习马克思主义经典著作，学习党的路线方针政策和国家的法律法规，学习中共党史和马克思主义发展史。

（3）学用结合的学习方向

习近平总书记指出，学习的目的全在于运用。要发扬理论联系实际的马克思主义学风，带着问题学，拜人民为师，做到干中学、学中干，学以致用、用以促学、学用相长。要培养浓厚的学习兴趣，变"要我学"为"我要学"；要从解决问题出发，把思考与学习、学习与实践有机结合起来；要善于挤时间，真正沉下心来，贵在持之以恒，重在学懂弄通。领导干部加强学习，有多种形式。坚持经常性学习，在干中学、在学中干，是一种形式；根据工作需要，急用先学、立竿见影，是一种形式；参加党委中心组理论学习，也是一种形式；集中一段时间到党校、干校、行政学院等脱产学习，又是一种形式，而且是一种能够进行系统学习的更重要更有效的学习形式。

思维训练

1. 归纳总结习近平新时代中国特色社会主义思想贯穿的方法。
2. 运用辩证思维分析自己所学专业未来的发展前景。

第五章　工程中的社会观

获取商业情报

1966年7月,《中国画报》刊登了王铁人的照片。日本人从王铁人头戴皮帽及周围的景象中推断出,大庆地处零下30摄氏度左右的东北地区,大致在哈尔滨和齐齐哈尔之间。1966年10月,《人民中国》杂志在介绍王铁人的文章中,提到了马家窑,还提到了钻机是人推、肩扛弄到现场的。日本人据此推断出油田与车站距离不远,并从地图上找到了这个地方。接着,又从一篇报道王铁人1959年国庆在天安门上观礼的消息中分析出,1959年9月王铁人还在玉门,以后便消失了,这表明大庆油田开发的时间是1959年9月以后。1966年7月,日本人对《中国画报》上刊登的一张炼油厂照片进行了研究。照片上没有刻度尺,但有一个扶手栏杆。按常规,扶手栏杆高一米左右,他们依比例推算出炼油塔的内径、炼油能力,并估算出年产量。由此日本人得到了当时还是机密的商业情报,开始与我们进行出卖炼油设备的谈判,从而掌握了谈判的主动权。

从表面上看,画报上的一顶皮帽子、一个扶手栏杆、一篇国庆观礼的消息,与当时中国的炼油能力能有什么关系呢?简直是风马牛不相及。但是聪明的日本人就是在这种没有"任何前提"的情况下,看出确确实实的"有"来。可见,工程与社会的联系体现在社会的方方面面上。

人们自己创造自己的历史,但是他们并不是随心所欲地创造,并不是在他们自己选定的条件下创造,而是在直接碰到的、既定的、从过去继承下来的条件下创造。

——马克思

在"以人为本"的时代,工程哲学社会观的基本问题是人与社会的关系问题,这一问题的核心是人如何设计、实施和创新工程的问题,即人和社会与工程的关系问题。

第一节 工程与社会——
工程是社会发展的重要动力

一、为什么要研究工程与社会的关系

工程,不是脱离社会而存在的"空中楼阁",今天的工程,尤其是那些大工程,往往涉及社会的各行各业;而现代的社会发展,也越来越成为一个系统工程,需要各种科学技术特别是工程技术,不能只凭经验、热情和干劲。否则,很容易造成发展的后果违背了我们的初衷的情况。这样,就要求我们不仅要从整体上研究工程哲学,而且还要对工程各个领域包括经济、政治、文化中的哲学问题进行深入的研究。

工程与社会的关系主要分为工程与外部环境的关系,工程与社会环境的关系。工程与外部环境的关系主要包括工程与自然、工程与地理、工程与人口的关系;工程与社会环境的关系主要是工程与社会制度的关系。从本质上来说,就是工程与客观物质和人类社会的关系。从古到今的工程,在征服自然、改造社会的同时,也深刻地影响着自然存在和人类社会的发展。这其中有成功的例子,如古代的都江堰工程就是征服自然但又不破坏自然的典范;中国共产党的"和平赎买"也曾创造性地实现社会主义改造的平稳进行。但也有很多失败的例子,正是人类不断地征服自然,使得楼兰、孔雀湖等成为历史遗迹,"文革"力图改造社会的举动,也没有按毛主席的构想实现。这些都应该成为我们研究的对象,并从中总结经验,得出教训,以便更好地为今后的工程服务。

二、工程与外部环境

(一)工程与自然环境

自然界与人类自身是工程的外部环境,工程必须依赖于这两个外部环境存在和发展。人的生存和发展离不开自然,自然界是人类生产生活资料的最终源泉。我们一方面要征服自然,另一方面也要爱护自然。地球上的自然资源是有限的,在一定的技术条件下,只有爱护自然、保护自然,实现人与自然的和谐相处,才能实现人类社会的可持续发展。

日本一家水工机械制造公司提出了一个征服台风的工程计划,称可以用来减轻台风的威力。日本人的设想很简单:一个由20艘潜水艇组成的船队迎在台风的前锋处,每艘潜艇上安装有8台水泵,向海洋表面每分钟喷射480吨冷水,只需要短短一个小时,海洋表面温度就会下降2℃,将一场蓄势待发的台风消弭于无形之中。从表面上看,它消除了自然灾害,但却是不可行的。因为就全球范围而言,台风是一种必不可少的自然现象,它对自然界的水气平衡起到了关键作用。

(二)工程与地理环境

地理环境是指与人类社会所处的位置相联系的各种自然条件的总和,是工程建设的客观条件。正是由于地理环境的差异,导致很多工程建设取得了不同的效果,有些工程甚至因此失败。

风能作为一种清洁的可再生能源,越来越受到世界各国的重视。其蕴量巨大,全球的风能约为 $2.74 \times 10^9\,\mathrm{MW}$,其中可利用的风能为 $2 \times 10^7\,\mathrm{MW}$,比地球上可开发利用的水能总量还要大 10 倍。很多发达国家,都大力开发风能,形成了一整套产业链。但是,中国的风力发电工程多为形象工程,不合国情。我国是有风的地方就有沙,风沙对风力发电设备磨损非常厉害。由此可见,开发工程要充分考虑地理因素给工程带来的影响,大型工程不能盲目上马。

(三)工程与人口因素

人是社会生活的主体,工程中的人主要包括工人和工程师。正是他们的辛勤劳动,才使我们的工程得以实现。所以人口因素对工程的影响是必须考虑的,也正是得益于过去 30 年中每年高达 1 000 万的劳动力供给量所产生的"人口红利",使中国创造了经济高速增长的奇迹。

计划生育是中国的一项基本国策,也是中国成功实施的一项造福千秋的大型社会工程。20 世纪 70 年代推行计划生育政策以来,中国人口过快增长的势头得到控制,缓解了人口增长对资源环境的压力,促进了经济发展、社会进步和民生改善。然而,到 21 世纪初,中国对计划生育政策做出了一些调整。计划生育政策使中国的人口增量危机得到缓释,但另一个危机——人口老龄化却不期而至。这使得在许多地区,特别是经济较发达的城市,计划生育政策有一定程度的放松。而最近发生在各地的"民工荒"也使各种工程不但进度受影响,而且用工成本也大幅度上升。可见,人口因素也是工程建设不得不面对的重大问题。

三、工程与社会环境

工程与社会环境也有很密切的关系,其中最重要的是与社会制度的关系。不同的社会制度以及同一社会制度在不同的历史时期,对工程的发展有不同的影响。社会制度对工程的影响主要表现为:先进的社会制度可以促进工程的发展,而落后的社会制度会阻碍工程的发展。

例如,齐齐哈尔工程学院就是先进的社会主义制度在改革开放时期的产物。1993 年曹勇安院长在企业经济效益最好的时候辞去公办教育职务,率领 72 名教职工集体与齐齐哈尔第一机床厂签订了经济分离合同,创办了黑龙江东亚大学,走上了"自主办学,自担费用,自我完善,自我发展"的办学之路。正是借改革的春风,经历 20 余年的发展,成就了今天的齐齐哈尔工程学院。如此大的一项社会工程,没有社会制度这个大环境,是不可能存在并得以发展的。齐齐哈尔工程学院就是按照顺应社会制度和时代发展需要这个思路,全面贯彻党的教育方针,坚持以科学发展观为统领,以经济社会需求为导向办学,培养本、专科层次的综合素质较高的"应用型、技术型"人才,为地方经济社会发展进步提供人才和智力支持。

相对应的,南方某大学是国家高等教育综合改革试验学校,承载着探索中国培养创新人才模式的重任。但是,我们却看到它始终难产,抛开一些内在因素不提,社会大环境的不许可以说是此大学命运多舛最重要的原因。不参加高考,不拿国家承认学历文凭,无疑是触及了制度的底线。任何改革首先要坚持依法办学,要遵循国家基本的教育制度。从两所学校的对比中,我们可以理解社会工程与社会环境之间内在的关联。

综上,工程不是孤立地改造自然活动的自然工程,而是受社会因素制约的社会工程。无论是生产力、经济基础还是上层建筑,都会对工程产生强烈的影响,工程反过来也会影响这些因素。一方面,工程的规模、类型、速度、质量等都是由社会发展状况所决定的,工程要服从于社会发展的需要,工程的运行要按照社会通行的各种规范进行,包括法律规范、道德规范、政策规范等。另一方面,工程的有效展开和高质量完成,又是对社会发展的贡献,促进经济、政治、文化的发展。

第二节 工程与经济——经济促进工程

一、为什么要研究工程与经济

当今社会,工程内涵不断扩大,很多工程都事关国计民生和社会稳定与和谐,直接影响社会生活的方方面面,关系到社会的稳定和发展。我国的社会主义物质文明建设必须重视在经济领域中运用和发展工程。现阶段,在世界新科学技术革命的推动下,工程在社会发展中的作用日益突出,国民财富的增长、人民生活的改善与和谐社会的发展越来越有赖于工程的实施。可以说,没有大工程的建设,就没有经济社会的巨大发展。

例如,为了应对2008年世界金融危机,我国出台了总计四万亿元的投资计划。这笔资金主要投入工程领域,从涉及民生的安居工程、医疗文教、农村基础设施建设,到铁路、公路等交通工程建设,灾后重建,以及对高新技术产业和服务业的支持等。这些大工程有力地促进了经济的发展,使得我国当年国内生产总值比初步核算增加了1.34万亿元,增速达到9.6%;全国实现城镇新增就业1100万人,超额完成全年新增900万人就业的目标,保证了人民基本生活水平没有大幅度下降。

二、工程与经济的关系

(一)经济对工程的影响

经济的需求是工程发展的重要动力。例如,16～17世纪近代科学在欧洲兴起,就是因为近代资本主义生产的需要。当代美国、英国、日本等发达富裕国家,对健康医疗有着强烈的社会需求,所以它们在与医学有关的科研领域具有突出的相对优势;中国对发展工业有着很强的社会需求,所以在物理、化学、工程技术等应用科研领域表现出相对优势。恩格斯认为:"几乎一切机械发明都是由于缺乏劳动力引起的。"今天我们尽管不能说技术的发展是由于缺乏劳动力,但提高劳动生产力、提高经济效益无疑是工程大发展的一个重要动因。

经济的发展程度影响工程的发展规模。我们今天所进行的许多工程项目,过去不是人们不需要,而是缺少工程建设的经费。尤其是一些关系国计民生的重大工程项目,所需资金量极大,社会没有达到一定的经济发展程度是无法开展的。在计划经济年代,生产力落后,经济基础薄弱,因此工程建设规模小、速度慢、质量要求不高。改革开放和实行市场经济以后,伴随着生产力的飞跃和经济实力的提升,大规模、高速度、高质量的工程建设才得以展开。在我国工业化、现代化快速推进的过程中,前所未有的工程建设既是它的必然产物,也是它的组成部分。

早在1924年孙中山先生就提出应当在三峡地区建坝发电。第二次世界大战期间,中美结为盟国,美国向国民政府提供了大量资金、技术援助,也曾想建设三峡大坝。但是这些构想受当时经济条件所限,都没有实现。新中国成立后,毛泽东也打算建设三峡,但是终因条件不允许,只停留在规划阶段。直到1994年三峡水利工程才正式动工兴建,2003年开始蓄水发电,于2009年全部完工。工程的最终投资总额在2 000亿元左右,可以想象得到,没有改革开放给中国经济带来的巨大变化,我们是不可能有条件去建设这样一个世纪工程的。

(二)工程对经济的影响

反过来,工程也会促进经济的发展。以齐齐哈尔市为例,为保持经济快速增长,实现跨越式发展,需要抢抓机遇,全力争取和推进重点工程建设。2010年,齐齐哈尔市重点抓好一重能源装备大型铸锻件改造升级、北钢结构优化、腾翔铸锻造、齐化"双三十"、哈齐城际铁路齐齐哈尔南站、齐富公路及嫩江大桥、东南电厂、劳动湖南扩、尼尔基斯湖风景区等项目建设,提高重大工程对投资的拉动作用。其结果是,齐齐哈尔全市地区生产总值同比增长17.7%,创造了近十年来的最快速度。同时,省委、省政府确定的"八大经济区"战略部署中,与齐齐哈尔市相关的有五项,即松嫩三江平原农业综合开发试验区规划、哈大齐工业走廊建设区规划、东北亚经济贸易开发区规划、北国风光特色旅游开发区规划和高新科技产业集中区规划。"十大工程",即千亿斤粮食产能工程、新农村建设工程、老工业基地改造工程、重点工业项目建设工程、现代交通网络建设工程、贸易旅游综合开发工程、科教人才强省富省工程、生态环境建设保护工程、创建"三优"文明城市工程、保障和改善人民生活工程,每一项都与齐齐哈尔市的经济社会发展有着紧密的关系。随着这一系列工程的建设成功,齐齐哈尔经济必将有一个大的腾飞。从上述的大工程建设事例中,我们可以清楚地看到工程对经济的促进作用。

综上可知,工程与经济的关系是相当紧密的。一方面,经济条件决定了时下工程的规模和效益;另一方面,工程也能促进经济条件的好转。两者既能相互促进,也在相互制约,其中的关键是如何平衡两者的比例。过分追求某一方面,不考虑现有条件,都会给经济和工程本身带来巨大伤害。

第三节　工程与政治——没有超越政治的工程

一、为什么要研究工程与政治

当前,我国处于重要的社会转型时期,很多社会问题和矛盾都在这一时期凸显出来。

为此，中央提出了科学发展观、构建社会主义和谐社会等作为当前社会主义现代化建设的指导思想和指导目标。这些目标其实就是工程在政治上的体现。工程在政治上实践的基本途径是一个个具体工程的建构。工程以调整人与人的社会、政治、经济、文化关系为宗旨，它的运作往往牵一发而动全身。这就要求工程师在施工时，必须考虑政治对工程的影响。

例如，我国直到2011年才宣布航母下水试航。其实，早在2005年，瓦良格号就已落户大连。这里除却经济和技术上的考虑，更多的是政治上的规避。从20世纪80年代开始，中国的国策变为"以经济发展为主"，对外政策确立为"韬光养晦，有所作为"。既然已经对世界承诺和平发展，再搞航母这种进攻性武器，容易引起各国特别是周边国家的猜忌，恶化周边形势，不利于中国有一个稳定的发展环境。为了外交需要和照顾国际舆论，中国一直没有公开宣称建造航母。现在随着中国外交政策的进一步国际化，中国在2015年两会期间通过高级将领的嘴，证实完全国产的第二艘航母已经开工。

二、工程与政治的关系

政治是各阶级为维护和发展本阶级利益而处理本阶级内部以及与其他阶级、民族、国家的关系所采取的直接的策略、手段和组织形式。各种权力主体为获取和维护利益，必然发生各种不同性质和不同程度的冲突，从而决定了政治斗争总是为某种利益而进行的。

（一）政治对工程的影响

从上可知，政治因素通过利益可以直接影响科学、技术和工程项目的确立。例如，"第二次世界大战"中美国制造原子弹的"曼哈顿"计划、"冷战"时期的"阿波罗"登月计划和"星球大战"计划等，其主要目的就是出于政治、军事的需要。

星球大战计划于1984年由美国总统里根批准实施。这个计划的目标是建立一个多层次、多手段的反弹道导弹的综合防御系统。这种反弹道导弹的综合防御系统是继阿波罗登月工程后又一项重大的系统工程。这项战略的主要目的在于利用美国的高技术优势，建立空间武器系统，提供对付战略核武器攻击的空间防御手段，以消除苏联日益增长的核威胁。与此同时，加紧开拓太空工业化领域，以获取宇宙空间的丰富资源。但是，随着苏联后来的解体，美国在已经花费了近千亿美元的费用后，于20世纪90年代宣布中止"星球大战计划"。可见，这项计划更多层面上考量的不过是美苏两国的政治博弈。一旦竞争对手苏联不复存在，这个花费浩大的工程也就没有了存在的意义，当然会无声无息地"寿终正寝"。

（二）工程对政治的影响

工程同样也会对政治产生影响，虽然这种影响更多的是通过经济间接影响的。因为政治制度通常由一国的法律尤其是宪法来反映和确认，它受法律强制力的保护。一个国家会通过制定各种法律、法规来设定一套科技、工程发展的体制和目标。而法律的制定往往会考虑经济情况，为工程的发展提供保障。

今天，在中国，随着改革开放政策和市场经济政策的确立，国家依据当前的国情制定了一系列法律及相应的法规等,这些既是经济发展的结果,也是推动工程发展的强大动力,更是规范工程行为的约束力量。政策变化、法律更新,都会影响工程的取向、体制和机制、运作的方式。工程要适应政治的变化,要服从政治的要求;反过来工程也会影响政治,政治要为工程服务。比如,正是工程企业在广阔的国内空间中驰骋并日益走向国外创业而不断壮大的形势下,国家出台了更多鼓励工程企业走出去的政策和法规;正是有了立体化的交通网络,才有了新的交通法规。

同样,安居工程既是市场的一项建筑工程,也是政府的一项"德政工程",是政府运用市场机制的基本原理,解决中低收入居民的住房问题的一种手段,兼有调控住房市场,调节收入分配的作用。建设安居解困房,既有助于逐步缓解居民住房困难、不断改善住房条件,也能够正确引导消费、实现住房商品化。其最终目的是解决城镇居民的住房问题,提高城镇居民的居住水平,体现政府对住房困难户的关怀以及社会主义的优越性。

综上所述,政治和工程的关系同样是紧密的。好的工程,既能促进社会的发展,又能保障社会的稳定;同样,一个良好的政治环境,也是工程得以顺利实施的先决条件。做到两者协调共进,是所有政府都应该考虑的重大问题。

第四节 工程与文化——没有文化的 工程是没有灵魂的

一、为什么要研究工程与文化

在构建和谐社会的大背景下,工程与文化的融合也是一个与时俱进的发展过程,它对于文化建设以及构建社会主义和谐社会具有重要意义。文化与工程的结合是工程在文化领域中的应用,是调整人际文化关系的工程,是文化建设的重要手段和方法。无论是对我们正面临的世界政治、经济、新科技革命的严重挑战,还是我国的和谐社会的构建,提高全民族的科学文化素质,都有着至关重要的意义,而这一切又都有赖于文化事业的发展。当今世界工程与文化的相互交融,在综合国力竞争中的地位和作用越来越突出,它深深熔铸在民族的生命力、创造力和凝聚力之中。因此我们完全有理由说,文化建设是工程领域的重要组成部分,也是我们最终实现全面建设小康社会宏伟目标的必要途径。

新丝绸之路经济带构想是我国根据区域经济一体化和经济全球化的新形势提出的跨区域经济合作的创新模式,是新时代对古老丝绸之路的复兴计划,是一项巨大的工程。而此项工程又与我国悠久的文明历史发展息息相关,文化的发展推动了经济的进步,经济的进步又在推动文化的发展。我国的战略构想具备最佳的客观条件与更高的战略价值。但是,机遇与挑战并存。我国在推进新丝绸之路经济带构想时,需进一步优化规划,平衡好各方面的关系,对可能出现的潜在风险备好预案。这一构想具有伟大的历史与现实意义,符合区域内各国的发展需求和欧亚区域合作的大势,前景不可限量。

二、文化工程及其相关要素

文化有广义和狭义两种含义:广义的文化是指人类活动所创造的一切成果,狭义的文化则指精神文化。而与工程结合的文化建设,我们也可以称其为文化工程。

文化工程是社会工程体系的分支,是社会工程在文化领域中的应用。文化工程是调整人际文化关系的社会工程,是文化建设的重要手段和方法。在现代社会中,文化工程哲学理论在指导和组织文化建设方面,具有重要的理论意义和实践意义。文化工程不仅有利于丰富及深化社会工程理论和文化理论,而且可以指导文化实践活动,丰富文化生活,促进文化建设有序、健康地发展。

文化工程包括认知问题、运作问题和评估问题。文化工程的认知包括其基本要素、根本目标和研究方法三个方面。文化工程运作过程主要包括文化工程决策、文化工程规划、文化工程运行、文化工程用物。文化工程的评估主要包括价值评估的要素、价值评估的原则和价值评估的标准。当然,文化工程的用物过程与文化工程的评估阶段相互渗透,彼此有着紧密的联系。

文化工程的运行主体是指开展、参与文化工程运行的组织和个人,一般是指政府的文化教育行政部门,他们是文化工程运行的核心力量。如"211工程"部际协调小组,协调决定工程建设中的重大方针政策问题,在协调小组下设办公室,具体负责"211工程"建设项目的实施管理和检查评估工作,具体落实文化工程的运行工作。

文化工程的运行客体是指文化工程所发生作用的对象,主要指文化工程所要处理的社会事务、社会问题,是文化工程的承担者。如齐齐哈尔工程学院积极准备承担"卓越工程师"计划,那么该校就是这项文化工程的客体。

当然,文化工程的主体和客体是相对而言的,作为"211工程""卓越工程师"计划的承担者的各个大学(如齐齐哈尔工程学院)本身也能发挥积极性、主动性,实现自身发展的问题。

三、工程与文化

毛泽东指出:"一定的文化是一定社会的政治和经济的反映。"首先,一定的政治经济形态决定一定的文化形态;然后,一定形态的文化才影响和反作用于一定形态的政治和经济。文化的本质即人化,是人类在改造自然、社会和人自身的历史过程中,赋予物质和精神产品以人化形式的特殊活动,是人类所创造的"人工世界"及其人化的形式。

从这个意义上讲,工程都可以看作是人类的文化或文化的物化成果。但如果把一般的文化与工程区别开来,我们可以发现其他文化现象对工程有着特殊的影响。

任何科学技术活动都是在一定的文化环境中进行的。从事科学技术活动的人,总是在特定的文化环境中实现其社会化过程的。社会文化对科学、技术和工程的影响,是通过文化的价值观念和行为规范层次、文化的制度层次以及文化的器物层次等方面而发生作用的。

历史上,科学革命之所以发生在16～17世纪的欧洲,一个重要的原因是文艺复兴运动、宗教改革运动、新教伦理为近代科学的诞生准备了文化条件。而在中国,我国的传统文化有着"自强不息""厚德载物""和而不同"等优秀精神,但也存在着一些不利于科学技术发展的因素。在中国历史的某些时候,知识体系中"人文文化"居于至高无上的地位,科学技术的社会地位低下,社会(尤其是统治阶级)一向鄙视工程技术,将其视为"奇技淫巧","巫医乐师百工之人,君子不齿"。社会弘扬的是"学而优则仕"的价值观,科学家和技师的社会地位低下,技术活动也不被社会重视。甚至直到近代的清末年间,还"一闻修造铁路电报,痛心疾首,群起阻难"。这种"技术无用且有害"的科学技术价值观无疑是我国技术以及科学在近代落后的重要原因之一。

当然,这种传统的对技术的否定性评价在今天已经被彻底地否定了,"落后就要挨打"的刻骨铭心的记忆使公众充分感受到提高科技实力的重要性。因此,我们必须高度重视文化对工程的影响。

知识链接

铁路的提速与降速

铁路是现代社会的重要基础设施,是我国经济的大动脉。我国铁路自20世纪90年代中期开始实施提速工程,揭开了中国铁路发展史上新的一页。六次大提速使我国铁路的面貌有了很大改观,提速网络基本覆盖了全国主要地区,特快列车最高时速从100公里提高到160公里,局部区段达200公里。铁路提速规模之大,持续时间之长,在中国铁路发展史上前所未有,在国内外引起了很大反响。

铁路提速工程与现有的铁路"运输模式"有密切的关系。为了确定提速模式,就要对国情、路情进行深入研究,使自己的主观认识尽量符合客观实际。这种"提速模式"促进了我国铁路"运输模式"向更高层次——"快速度、高密度、大重量"提升。由于我们引入了新的管理理念和方式,对既有线路进行了技术改造,从而改变了"初始条件",使运输能力从"饱和"变成相对"不饱和",使繁忙干线提速由"不可能"变成了"可能"。铁路提速工程的主体内容是对原有线路进行更新改造,走的是扩大再生产的道路。如京沪线提速改造后,在货运能力不变的情况下,客车从45对提高到66对,增加的运输能力相当于半条单线铁路,而建设一条单线铁路每公里需要投资2 500万元左右,建设周期要长几倍。由此可见,提速改造的经济效益是很高的。

提速带来的经济效益和社会效益是有目共睹的,是中国经济大发展在铁路领域上的集中体现。但是,从2011年8月16日起,中国的高铁却开始降速。中国铁路放慢了自己的速度,开始寻求"速度"与"安全"的同步发展。

中国铁路从第6次大提速以来只用了4年的时间,时速就从160公里提高到300公里以上。而日本高铁从时速210公里提高到300公里用了47年的时间,德国也用了20年的时间。虽然中国高铁有后发优势,可以借鉴前人的经验,但有些方面是走不了捷径的,很多经验也是不可逾越的。在速度狂飙的同时,中国高铁的质量控制、调度管理以及人员素质等方面并未跟上,相继发生了京沪高铁连续故障、动车召回等事件,特别是"7·23"甬温线特别重大铁路交通事故的发生,酿成40人死亡、192人受伤的惨剧。正是基于这个背景,铁路开始了降速之旅。

对于这一场对速度的反思和讨论,也已从高铁产业本身扩大到整个经济领域——在"中国速度"神话的光环下,还有多少隐患掩藏其中?这些隐患不除,会不会造成中国经济的脱轨?

经济发展与工程的扩张,都有其自身的规律。工程的扩张需要速度,但这个速度必须建立在经济内在"体能"的基础之上;工程的发展也需要高速,但这个高速必须建立在对发展的成本乃至发展的代价充分考量的基础之上。长期的高速发展,必将严重透支"体能",导致发展的不可持续。长期的高速发展之后,喘口气,缓一缓,放慢脚步,就成为绕不开的必然选择。

工程的发展需要理性。失去理性的发展,酿造的必将是一杯"苦酒"。主导发展的执政者需要智慧。政府必须对发展的速度、节奏做出清醒的判断,并果断对高速发展的列车紧急制动。从追求高铁的高速,到适当降速;从追求GDP的增速,到适度降温,放慢脚步的执政智慧浸透其中。

毕竟,让人民过上平安、有尊严、幸福的生活,才是经济发展的最终目标,更是我们建设工程的终极意义。

思维训练

1. 收集、整理、分析哈齐客运专线建设事例,并依照本文进行哲学分析。

2. 中国经济面临"二次探底",房地产市场一片危机,哀鸿遍野。面对房地产市场的困境,中国政府"救市"还是"不救市",请用从本文学到的知识加以分析。

第六章 工程与人类社会的历史发展

哲学故事

古代英雄的石像

有一个著名的雕刻家,把一块巨大的石头雕刻成古代英雄的石像。并用雕刻石像时敲下的碎石子砌成底座,矗立在市中心。市民们把石像当作古代英雄,天天顶礼膜拜。于是石像在一片颂扬声中飘飘然起来了,它高高在上,目空一切,尤其看不起给它当底座的小石子。小石子生气了,把它从底座上摔下来,连同底座一起摔成小石子。市民们虽然有些惋惜,但很快就把它们收集在一起,铺成了一条小路,人们天天在路上行走,巨大的石像也失去了往日的威严。

作者叶圣陶通过这个故事,讽刺了那种骄傲自大、脱离群众的人。

哲学观点

马克思说:"人们自己创造自己的历史,但是他们并不是随心所欲地创造,并不是在他们自己选定的条件下创造,而是在直接碰到的、既定的、从过去继承下来的条件下创造。"毛泽东同志说:"人民,只有人民,才是创造世界历史的动力。"

导 言

马克思主义哲学是完整的、科学的世界观的理论体系,它把唯物主义和辩证法的有机结合贯穿于包括社会历史的一切领域之中,创立了唯物主义历史观。它揭示了人类社会历史发展的普遍规律。

第一节 工程和人类活动——人不过是一根能够思考的苇草

一、工程是人类生存的基础

从唯物史观考察,工程一直是直接生产力。在地球的演变过程中,出现了生命现象,形成了不同的生物物种,继而进化出人类。人类出现后,逐步形成了社会,同时也有了人类文明。人类的生存、繁衍,人类的各种活动以及人类文明的演进和发展,先从依靠自然、适应自然开始,在这一时期就出现了一些原始工程;再发展到认识自然,这时才出现了科学;后来甚至出现了征服自然的想法。在试图征服自然的过程中人类遭到了自然的"报复和惩罚"。于是在深入认识和感受自然的过程中,人类又再回归到认识、反思人自己的行为,遵循自然规律,合理、适度地依靠自然、改造自然上,即改造世界,和谐发展(图 6-1)。

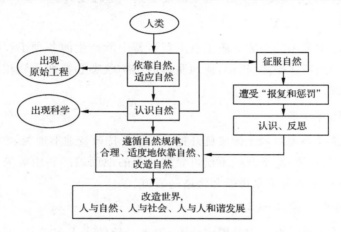

图 6-1 人类的活动及其演进和发展历程

从上述历史发展过程看,地球的演进,形成了"自然—人—社会"三元,一切活动、一切知识都与这三元有关。工程活动也与"自然—人—社会"三元有关。

在人类历史进程中,工程在不同时期都是直接生产力,工程是先于科学出现的。有巢氏构木为屋、掘土为穴,燧人氏时期钻木取火等活动就是原始的工程活动,而当时人们并不知道其原理,不知道什么是科学。可见,工程是人类生存、发展历史过程中的一项基本实践活动;是人类为了改善自身生存、生活条件,并按照当时对自然的认识而进行的物质性实践活动。在人类历史进程中,工程一直体现为直接生产力。即使在现代,科学、技术要形成大规模的、直接的生产力,仍然离不开工程化这一个关键环节。

二、工程活动对人类社会的影响

人类的工程活动是人类社会生存和发展所必不可少的,如资源、能源的开发,工农业生产,城镇建设,交通建设等各项活动。由于人口的增长和科学技术的不断进步,人类目前的建设和创造能力极大地加强,人类工程活动对地质环境的影响也以空前的速度发展,并因此产生了严重的环境问题,带来了一系列的危害和灾难。

当代自然工程活动主要包括水利水电工程、矿业工程、交通工程、城镇和工业建筑土木工程等。每类工程活动又有自己的特点。如水利水电工程是综合性的工程项目,包括水利枢纽、水库工程、引水工程、下游灌溉工程和输变电工程等,这类工程对地质条件要求高,对地质环境影响显著;而矿业工程的特点则大多为深部开发,经常出现深采和高边坡等一系列问题,带来地下和地表条件的各种变化,从而产生环境影响。每类工程活动对地质环境的作用方式及强度是不同的,对地质环境的影响也不尽相同,包括以下几个方面。

(一)工程荷载

任何工程建筑都可视为对地质环境施加的荷载,在这一附加荷载作用下,地质体中的应力重新分布,使岩土介质发生变形,当变形发展到一定程度时岩土会产生破坏力。

(二)爆破及工程振动

工程施工中经常采用的爆破法施工及工程运营中所产生的各种工程振动,会导致除开挖岩土体以外的地质体破坏、松动,使地质体的结构状态和特性受到相应影响,导致地质体的稳定性下降。

(三)岩土开挖后果

各类工程建筑都必须对岩土体实施开挖。地面开挖改变地形地貌,常引起边坡失稳、水土流失,改变地面径流;地下开挖不仅可导致严重的地面塌陷和边坡失稳,而且将剧烈改变地下水的径流,成为地下水排泄和污染的通道。

(四)岩土回填和废弃物堆积

岩土回填指矿山或大型工程外围将地下、地表开挖的岩土或矿石、废渣堆积成山丘。而大城市固体垃圾的堆放等则属于废弃物堆积,它们对地质环境的影响主要表现为地形、地表径流的改变,造成次生泥石流和滑坡,污染水土,侵蚀耕地,破坏植被,造成次生风沙和沙漠化。

(五)流体、流域调节

地表蓄水、调水及地下流体的抽汲、回灌等均属于此类。这类工程对地质环境所造成的影响主要是:地表水体造成的塌岸和库岸再造,水库滑坡,水库诱发地震,土地沼泽化、盐渍化;此外,地下水过量开采会造成大范围地面沉降,水质污染,岩洞塌陷,海水入侵,以及地震活动加剧等严重的环境问题。

总体上来说,人类工程活动对地质环境产生的影响主要表现为干扰和改变地质环境原有的特征和规律,加快演化速率、改变演化方式和演化轨迹。因此,人类在从事工程活动的过程中必须主动协调与自然的关系,避免由于盲目设计、盲目投产和施工所带来的损失,合理开发、利用和保护环境,加强科学规划和管理,实现可持续发展。

进入 21 世纪的第二个 10 年,全球地震频发。自 2010 年以来,海地、智利、中国青海、日本东北等地发生了多次 7 级以上的强震。尤其是日本东北大地震,堪称百年不遇的9.0级超级强震。甚至有人认为,人类行为引发地震的可能性在增加。美国地球物理学家克里斯蒂安·克劳斯认为"人类在全球进行着许许多多大型的工程活动,例如采矿、水库蓄水等,对地球的影响浅至地表,深及地壳。"

第二节　改革在工程中的作用——
培养创新性思维能力

一、社会改革对社会发展的作用

社会改革是在一定程度下,为了解决生产关系不适合生产力发展状况、上层建筑不适合经济基础发展状况的某些部分或环节,使该社会制度得到存在和发展,而对现存的制度、体制作一定的调整和革新。

社会改革对社会发展具有重要作用。具体体现在:社会改革可以巩固新生的社会制度或使原有社会制度持续存在并获得一定程度的发展,从而促进社会生产力的发展和社会进步;社会改革可以为新社会制度的诞生做量变或局部质变的准备。

改革是推动社会发展的重要动力。我国经过 30 多年的改革,不断破除束缚经济社会发展的旧观念和旧体制,初步建立起社会主义市场经济体制,推动了我国经济和社会的全面进步及人的全面发展,使中国特色社会主义事业充满了生机和活力。事实雄辩地证明,改革开放是决定当代中国命运的关键抉择,是发展中国特色社会主义、实现中华民族伟大复兴的必由之路;只有社会主义才能救中国,只有改革开放才能发展中国、发展社会主义、发展马克思主义。

二、改革在工程中的作用

马克思指出:"随着经济基础的变更,全部庞大的上层建筑也在或慢或快地发生变革。在考察这些变革时,必须时刻把下面两点区别开来:一种是生产的经济条件方面所发生的物质的、可以用自然科学的精确性指明的变革,一种是人们意识到这个冲突并力求把它克服的那些法律的、政治的、宗教的、艺术的或者哲学的,简言之,意识形态的变革。"

社会改革是重大的社会工程,目的是建立新的体制,提出新的政策、法规与规范,提出新的思想观念与方法。社会工程是"造社会物",自然工程是"造自然物"。两种工程造的"物"虽然不同,但工程思维却是相同的,都需要遵循发展了的实践论,遵循现代科学技术的认识论、方法论与价值论。

(一)社会工程领域的改革

人们生活于其中的世界是多元的,人们所要建构和改造的世界也是多元的,"社会变革""社会改造"或"社会革命"是必然的,不同的领域的变革(改造、革命)方式是有区别的。因此,工程作为实践(生产)的典型形态也必然是多元的、有区别的。

社会工程作为独立的哲学范畴是合乎逻辑的。中外社会发展史中的历次社会变革实际上都是对人们的"社会联系和社会关系"或经济基础和上层建筑全部或个别环节的改革与调整,都是非常浩大而复杂的社会工程。正是这些社会工程的实施,冲破了一定社会生产关系对生产力的桎梏,进而推动社会向上、向前、向着更文明的方向发展和演进。例如,我国十一届三中全会以来的改革开放基本国策的确立,打破了单就生产关系角度强调的社会主义,从发展生产力的角度丰富了社会主义本质,全面地认识了什么是社会主义和怎样建设社会主义的问题。作为一项巨大的社会工程,中国的社会主义改革三十多年来所取得的成效是显著的,人民生活水平有了质的提高。

(二)自然工程领域的改革

自然工程领域的改革应着眼于改变传统的工程观为现代工程观。传统工程观过分强调工程在人类征服自然过程中的作用,把人与自然对立起来,带来的后果是掠夺自然、浪费资源、破坏生态和污染环境,最终导致自然界对人类的报复,恶化人类的生存环境和生活质量。现代工程观则是当代人在对现代自然资源枯竭、生态环境危机的哲学反思与传统工程观剖析和批判的基础上,根据现代工程发展规律和运行机制以及工程问题的基本特征所构筑的崭新的工程理念。其核心是强调人类利用和改造自然的合理性、人与自然的和谐性,强调工程价值理性与工具理性的统一,以及工程的全寿命周期。

改变工程活动的价值观,体现人文价值理性,促使工程达到真善美的理想境界。长期以来,工程活动带有强烈的纯技术传统、功利主义和浓厚的工具理性色彩,没有或很少考虑和关注工程的人文性、社会性和生态性。工具理性的无限膨胀导致工程与人、自然和社会之间的对立。所以,对工具理性进行人文反思,从工具理性回归到价值理性,让现代工程负载人文价值,实现工程价值理性与工具理性的统一,将成为工程存在合理性的内在要求和工程发展的必然趋势。工程活动不仅要追求经济价值,还要寻求科学价值、生态价值、美学价值、文化价值和伦理价值,更要消解纯技术传统和功利主义,摆脱传统工程观的消极影响和负面效应。

第三节 科学、技术在工程中的作用——上帝死了

一、科学、技术、工程与产业

科学活动的特征,是研究自然界和社会事物的构成、本质及其运行变化规律的系统性、规律性的知识体系。科学活动的主要特征可以归纳为探索、发现。现代技术活动是运用科学原理、科学方法并通过运用某种巧妙的构思和实验,开发出来的工艺方法、工具、装备和信息处理与自动控制系统等"工具性"手段。技术活动的主要特征可以归纳为发明、创新。从知识角度上看,工程活动可以看成是以某一或某些(几种)核心专业技术结合相关的专业技术以及其他相关的非技术性知识所构成的集成性知识体系,旨在建立起大规模、专业性、持续化的生产系统或社会服务系统。工程活动的主要特征可以归纳为集成与构建。产业是社会生产力发展到相当水平以后,建立在各类专业技术、各类工程系统基础上的各种行业性的专业生产、社会服务系统。产业活动的特征是行业性、效益性。

从以上的剖析可以看出,科学活动是研究和改造社会事物的知识基础,技术活动是行为活动,工程活动是技术活动的集成,而产业活动是集成中的行业化发展。正确处理四者之间的关系,有助于更好地发挥每一项活动的积极性,为现代工程和产业服务。

二、"科学—技术—工程—产业"之间的知识链

从现代知识意义上看,"科学—技术—工程—产业"之间存在着若干相关的知识链(知识网络)。这当然是认识逻辑上的链接关系,不是历史与时序性的传承过程。也可以看出,工程与产业的关系更直接、更紧密。对于不同时期的人类社会而言,工程一直是直接生产力。

科学、技术与工程"三元论"是工程哲学得以成立的基础。从知识层面看,工程位于"科学—技术—工程—产业"的"知识链"和"知识网络"中的重要位置,工程是知识转化为现实生产力过程中的关键环节。人类探索自然、认识自然的科学知识是改造世界的知识支撑,也是对技术活动的理性认识与提升。任何工程与产业都要综合利用科学、技术因素,考虑社会的政治、经济、文化和生态因素的影响,合理开发和设计,在资源尺度、资金尺度方面达到平衡,综合发挥各方面因素的积极性,避免消极影响,为综合的社会效益服务。科学—技术—工程—产业知识链的构成如图 6-2 所示。

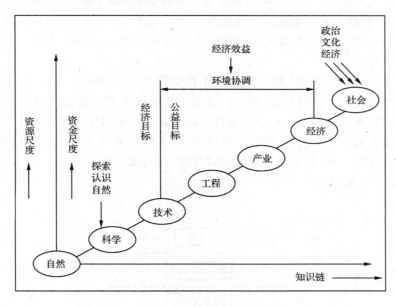

图 6-2　科学—技术—工程—产业知识链的构成

三、调整科学、技术与工程的关系

(一)科学与工程

科学是以理论的形式呈现给我们的,它本身是理性的、客观的,也是相对纯净的。相对于科学,工程则显示出很强的实践价值依赖性。一项工程,在资源、环境以及经济问题上都不可能是价值中立的,它或者合理利用了资源,促进了环境的改变,带来了丰厚的经济收益,或者恰恰相反。因此,对工程只能用好与坏、善与恶来评价,而不能像科学一样用真或假来评价。

科学与工程不仅有明显的区别,而且有密切的联系。工程,尤其是现代工程必须建立

在科学认识的基础之上,科学认识又会在工程实践中获得或者得到进一步确证,也就是说,工程建立在科学之上,科学又寓于工程之中。

(二)技术与工程

工程和技术是一对很难区分的概念。我国学者李伯聪教授对科学、技术与工程作了区分,提出了科学、技术、工程三元论,把工程作为独立的一元与科学、技术并列起来。他认为"科学的核心是发现,技术的核心是发明,而工程的核心是建造,三者有本质的不同;科学发现的结果是科学概念、理论、科学规律,技术发明的结果是技术专利和技术方法,而工程活动的结果是直接的物质财富;三者的主体也不相同,工程活动的主体是一个复杂的集体,不像科学与技术的主体分别是科学家和发明家这么简单"。我国学者所定义的工程是一个大的概念,技术只是工程中的一个因素。工程活动的主体除了工程师、企业家之外,还有工人。

通俗意义上的工程的所有条件为:为一个明确的目标服务;运用大量的专业技术;由若干人员组成一个团队,并有明确的任务分工。可以说,除了最终服务对象的性质不同外,社会工程与自然工程在形式上十分相似。类似的情况还有管理工程、金融工程等社会工程。因此,对工程的定义应该从组织结构和动态角度划分,而不应该从目的上划分,这样包含的范围更广。

结合以上分析,对工程概念的理解是:工程是技术活动的一种形态,是一种大规模组织相关技术人员为一个共同目标,在一定时间内从事技术劳动的技术活动形态。工程作为一种高端的技术活动形态存在于广义技术概念之中。工程与技术活动的关系可以用一个金字塔模型表示出来。当然,在这个模型中,群体的技术活动与工程的交界仍然不清,但是无论划分在哪一类,都属于技术活动的范畴,也同属于技术哲学研究的范畴。技术活动成分图如图 6-3 所示。

图 6-3 技术活动成分图

技术活动的规模可大可小,最基本的技术活动是个人技术活动。规模庞大的技术活动主要以工程的形式体现出来。技术概念可以包含工程概念。技术与工程有着密切的联系,这在客观上导致在分析技术时不可忽略工程,分析工程时也不能忽略技术。无论从何种角度出发,只有将技术与工程紧密联系起来才能促进对人类造物活动的反思。

科学技术始终是一种在历史上起推动作用的、进步的革命力量。科学技术的社会功能,主要表现在提高人类的认知能力、推动经济发展、促进社会变革和协调人与自然界的关系上。概括起来讲,科学技术推动了人类工程实践的发展。

第四节 人在工程中的作用——人为自然立法

工程活动是社会存在和发展的基础,现代化在很大程度上是现代工程建设的过程。工程活动不只是技术层面的操作活动,而且是经济、文化、环境等综合作用的社会活动。工程活动塑造了现代文明,并且改变了现代社会的面貌,深刻地影响了人类社会生活的各个方面。我国已经进入工程时代。人是万物的尺度,是工程的创造者和主导者,发挥人的积极性、主动性和创造性,对于工程建设具有重要意义。

一、工程共同体

工程活动是人类最基本的社会活动方式。工程活动不但深刻地影响着人与自然的关系,而且深刻地影响着人与人的关系、人与社会的关系。在工程活动中,各方面活动主体组成了工程共同体。工程共同体作为一个整体的基本目的或核心目标是实现社会价值(首先是生产力方面的价值目标,同时也包括其他方面如政治、环境、伦理、文化等方面的价值目标),是为社会生存和发展建立"物质条件"和基础。工程共同体是由工程师、工人、投资者、管理者、其他利益相关者等多种不同类型的成员所组成的,这就使工程共同体成为一个"异质成员共同体"。

(一)工程共同体中的工程师

在工程共同体中,工程师无疑是一个重要组成部分,我们甚至可以说在工程共同体中工程师是具有某种"标志"性作用的成员。从构词关系来看,在许多语言中,工程和工程师都是"同词根"的词,而"工人""资本家""管理者"这些词和"工程"之间却没有类似的"构词关系"。工程师是工程的设计者、技术指导者、技术管理者与技术操作者。工程师是工程知识的主要"创造者"和"负载者"。在人类的知识"总量"和知识"宝库"中,从数量上看,工程知识是数量最大的一类知识;从作用上看,工程知识不但是与工程实践联系最密切的知识,而且它还是工程实践赖以进行的思想前提和知识基础,对于人类的生存具有头等重要的意义。而对于作为工程知识的创造者和负载者的工程师来说,正确认识自身的职业性质、职业特征、职业自觉、职业责任等问题,树立正确的工程观对于工程的发展乃至于社会的进步具有重要的意义。

(二)工程共同体中的工人

工人在工程共同体中的地位和作用,是由工程活动的本质特征决定的。工程活动过程可以划分为三个阶段:计划设计阶段、操作实施阶段和成果使用阶段。工人在工程活动中,面对工程活动的第一线,是直接"在场"的整个活动实施的操作者,因而在工程活动中具有基础地位。发挥着其他工程共同体成员无法取代的作用。从社会分层的角度看,工人在工程共同体中处于底层,相对于其他工程共同体成员而言,工人的数量最多,劳动量最大,经济收入最少,其地位和作用往往被忽视。但是,工人对工程的作用是举足轻重的,如果把工程共同体比喻为一支从事工程活动的军队,工人就是士兵,如果把工程活动比喻为一部坦克车或铲土机,工人可比喻为火炮或铲斗,其中每个部分对于整部机器的功能来说都是不可缺少的。因而,要加强对工人在工程共同体中的地位和作用的研究,发挥工人在工程发展中的决定作用,并不断加强工人的理论学习,提高工人自身的素养,培养工程伦理意识和责任意识,对于工程管理和提高工程质量具有重要意义。

二、工程共同体的工程意识

在工程时代不仅工程师、企业家和决策者要树立工程意识,而且全社会都要树立工程意识,因为工程是为了人的需要而设计的,是人工建造的,是为人所用的。工程意识包括自然、环境意识,科学技术意识,经济、管理意识,社会、体制意识和人文、伦理意识,是科学发展观的基本内容。工程活动不仅包括技术要素、科学要素,还包括自然要素、环境要素、经济要素、管理要素、人文要素、伦理要素和社会要素。因此强调树立工程意识比树立科学意识具有更深刻、更广泛的意义。科学意识强调办事情是否合乎科学道理,以减少盲目性和失误,提高效率;而树立工程意识必须在合乎科学发展观的基础上,研究工程在自然、科学、技术、工程、产业、经济、社会系统中的地位和作用。树立工程意识就是要牢牢树立不能忽视工程的全部要素的观念。

三、工程共同体的伦理思想

经验转向背景之下,工程被"嵌入"社会之中,连锁关系增多,使得工程伦理研究呈现新特点。与古代的工程伦理只关注工程师角色伦理责任以及近代工程伦理主要关注工程师职业伦理责任不同,现代工程伦理则重点关注工程师与公众利益的矛盾冲突,关注工程师的公众伦理责任,并进一步向自然责任延伸,这表明工程师伦理责任的扩大化趋势。

哲学,特别是伦理学,对于帮助工程师处理专业领域的伦理问题是必要的。事实上,工程师会面对应该做什么以及应该怎样做的问题,这些问题单靠工程方法本身是无法解决的,这就需要伦理学的帮助。

首先,在工程设计中需要伦理学。当工程师考虑"什么是更好的设计"时,这一问题本身就是一个伦理学问题。伦理在工程设计中扮演着非常重要的角色,安全、风险、环境保护这些不确定性就要求在对工程设计后果进行评估的时候进行伦理的判断。

其次,在工程决策中,伦理要素发挥着重要作用。工程决策是一个重要而复杂的过程,功效的考虑是影响决策的重要因素。因此,虽然就本性而言,工程决策绝不仅仅是经济决策或者技术决策,但在现实生活中仍然有不少人把二者等同起来,只考虑效用最大化或者利润最大化,造成了工程决策中伦理层面的缺失。实际上,在工程实践中,技术因素、经济因素、伦理因素、社会因素是密切联系在一起的,在工程决策中,伦理层面是不应缺位的。

此外,工程师作为技术的发明者和传播者,有时的确面对着相互冲突的职业责任,在实践过程中,工程师怎样对公众的安全、健康和福利承担义务而不至于成为公众利益的损害者,这就需要对其行为进行伦理规范。德国工程师协会就通过了一个关于工程师特殊职业责任的文件——《工程伦理的基本原则》,对所有的工程师提出责任方面的要求。

总之,哲学特别是伦理学,是工程实践的内在需要。这一点已经被职业工程共同体深刻认识到。

四、工程共同体的哲学思维

工程活动塑造了现代文明,深刻地影响着人类社会生活的各个方面。现代工程是现代社会实践活动的主要形式,现代工程造就了现代社会存在和发展的物质基础。现代工程活动对社会、自然、生态环境已经产生和正在产生巨大、深刻的影响,工程的决策和实施有了空前的重要性,因为任何疏漏和失误都将带来无可挽回的损失和灾难。

自觉地运用哲学思维来指导工程建设,这是时代的要求,是全面建设小康社会的需要。工程共同体成员如果没有理论思维,如果不会应用唯物辩证法,就会迷失方向,丧失自我。我们在学习和应用唯物辩证法时,应该善于理论联系实际,摸索和把握工程实践的特点和规律,既要解放思想,又要实事求是;既要大胆创新,又要尊重客观现实;既要讲规模、速度,又要讲质量、效益;既要注意眼前利益,又要考虑长远发展。

工程活动是现代社会存在和发展的基础。对工程活动不但必须进行技术研究、经济研究、哲学研究、伦理研究,而且必须进行社会学研究。人为自然立法,发挥工程共同体中每一组成员的主体性和能动性,对于现代工程的良性发展具有积极的意义。

知识链接

茅以升的工程哲学思想——以钱塘江大桥为例

茅以升是中国传统文化和谐思想的优秀继承者,他把和谐思想运用于工程项目,追求工程与社会的协调、工程与人文的协调、工程与环境的协调。本文试以茅以升建造钱塘江大桥为例,探讨他的和谐工程思想。

一、工程与社会的协调

工程项目的开展首先取决于社会的需要,取决于社会经济的可行性,同时还必须重视工程项目的经济性。茅以升坚持从社会的需要性出发研究工程项目的必要性。

他提倡工程和经济的和谐,追求工程与经济的共生,考虑社会经济的可行性,保证工程建设资金筹集的可能性,以期在社会经济承受范围的前提下,最大限度地节约工程建设资金。他从钱塘江建桥的必要性出发,分析了钱塘江建桥的社会经济的可行性。

二、工程与人文的协调

茅以升重视工程与人文的协调,认为无论是技术经济方案的提出,还是工程项目的实施,或者工程教育的开展,采用的理论和方法必须能够解决经济发展中的实际问题或者对解决实际问题有所帮助,做到理论与实践协调和统一,他强调实践的重要性,要求在实践中进行学习,强调能力的培养和理论的学习同样重要。茅以升科普作品中那严谨的逻辑思维、优美精练的文字、深入浅出的对科学问题的阐述以及通俗易懂的语言无一不透露着茅以升博大的人文胸怀。

三、工程与环境的协调

工程项目的实现,在很多情况下要求多目标、多指标的组合才能达到,这些目标和指标不仅包括技术因素、经济因素,还包括环境因素。工程项目的建设除了需要考虑项目层面技术的可行性与经济的有利性的共生,还需要从环境层面考虑工程与环境的协调。茅以升强调,工程项目的发展必须与环境相协调,这里的环境包括自然环境和社会环境两个部分。工程与自然环境的协调研究工程对周围自然环境的影响;工程与社会环境的协调,是指工程项目的开展必须适应特殊的社会环境的发展,工程的建设需要与社会环境协调,使工程向有利于社会环境的方面发展。

随着社会环境的变化,工程项目的开展也必须随之改变,来保证工程与社会环境的协调。钱塘江大桥的建造经历了重重磨难,特别是当时抗日战争形势紧张,新建成的大桥被迫炸断。无论是钱塘江大桥的建造还是钱塘江大桥的炸毁都是符合民族利益的,都显示出了极大的社会效益,体现了工程与社会环境协调的思想。

思维训练

1. 用工程伦理的思想分析钱塘江大桥的建构历程。
2. 工程共同体应培养什么样的工程哲学思维?
3. 分析"人为自然立法"的哲学内涵。

第七章　市场经济下的工程哲学

关于剩余价值的一场争论

10 名工人在一条生产流水线上,经过一天 8 小时分工协作的劳动,总共生产出包含了 200 元价值的 100 把铁锤。生产结束后,开始分配。资本家先发言了:"生产这包含了 200 元价值的 100 把铁锤,消耗了我包含了 120 元价值的原材料,所以,我首先应分配到 60 把铁锤。"这个意见合情合理,工人们同意了。当这 10 名工人准备把其余的 40 把铁锤带走的时候,资本家却不让。工人们据理力争:"这 40 把铁锤所包含的总共 80 元价值,与我们 10 个人一天 8 小时劳动正好是相等的。所以它们完全应该属于我们自己。"资本家毫不退让:"固然,这里如果没有你们的劳动力的作用,那是连 1 把铁锤也生产不出来的。但是,这里如果没有我的生产资料,例如——蒸汽机的作用,难道就能够生产出 40 把铁锤吗?那岂不是说明这 40 把铁锤不仅是在你们的劳动力的作用下,也是在我的生产资料的作用下生产出来的吗?既然你们把劳动力作为分配中的权力来参与这 40 把铁锤的分配,我为什么就不可以把生产资料作为分配中的权力,也来参与对这 40 把铁锤的分配呢?"

他们双方,谁说得有理呢?

人在他的生产过程中要不断有自然力来支持,所以,劳动不是它所生产的使用价值即物质财富的唯一源泉,如威廉·配第所说,劳动是财富之父,土地是财富之母。

工程中的政治经济学是在现代科学技术革命条件下,以哲学认识论——"理论—实践"为课题,研究关于工程的理论与方法,并从社会主义工程的研究中得到启发。

第一节　工程中的政治经济学原理——
认识社会的钥匙

一、社会经济制度的发展

原始社会末期的农业革命,发生过两次社会大分工,一次是农业和畜牧业的分工,它导致了产品交换的产生,这是商品交换的萌芽;另一次是手工业从农业中分离出来,从此开始"出现了直接以交换为目的的生产,即商品生产",但在当时的技术与分工的条件下,这不过是简单的商品生产,它的市场结构极为简单,除了城市市井,主要是集市。市场功能主要是自给性生产之外的部分产品的交换。

18世纪末的工业革命,在工场手工业时期分工、协作与手工工具革新的基础上,产生了以机器为中心的工业体系,空前地扩大了社会的分工和工厂内部的分工,把简单的商品经济发展为发达的市场经济,市场经济的发展反过来又促进了社会分工的不断扩大。

由此可见,本来意义的市场经济产生和形成于工业经济时代,它的发展是以工业经济的发展为背景的,这可以从科学技术史与经济发展史中得到明证(表7-1)。

表 7-1　　　　　　　　　　科学技术史与经济发展史关系

科学技术 / 经济发展	利用的资源	使用的工具	技术手段	工作地点
2000多年前开始的传统的农业经济	物质	手工工具	以经验为基础的农业技术	农田
200多年前开始的工业经济	物质、能量	机器	物理科学技术	工厂
60年前开始的信息经济	物质、能量、信息	电子计算机	信息科学技术	家庭、办公室、工厂
现代农业经济	非生物、生物	机器、计算机、基因工程技术手段(酶)	物理、信息与生物科学技术	家庭、办公室、工厂、农田、森林

二、工程中的劳动价值论

工程成果,从经济学角度来看,是劳动的产品,即工程产品。社会主义条件下,工程产品为什么要作为商品买卖?其依据何在?工程产品作为商品有哪些特殊性?确定其价格的依据是什么?价值规律在工程领域中起不起作用及如何作用?下面我们以房地产业工程为例,分析一下工程领域中的劳动价值规律。

(一)物质性工程中的劳动价值论

价值规律是政治经济学里的一条重要规律,主要分为两方面,一是价值由社会必要劳动时间决定,二是商品根据其价值进行等价交换。前者说明价值不是由一般的个体的劳动时间决定的,而是由全社会的社会必要劳动时间决定的,这对于房地产市场的价值判断有一个基本的帮助,就是房地产的实际价值不会以某些大中城市的价值作为其真实价值的基值,而是要以全社会的必要劳动时间来决定,这就要使全社会的房地产价值得到平衡的看待;后者对于房地产发展过程中购房者有一个提示,当货币执行其支付功能时应大致评估房子的真实价值,尽管房价可能会因为一定时期内政策和宣传的影响出现上升或下降的形态,但是终究还是要回到其真实价值的,所以,如果盲目地跟风购买,只会使自己在该市场中处于货币损失的地位。

目前,只有做好配套措施,才有可能会使价值和价格之间的泡沫被挤出,只有把那些过分的投资从房地产业撤离,价值回归才容易出现。对于中国的房地产工程项目来说,面对房价的高歌猛进为民生带来的困扰,普通消费者面对高房价显得无所适从,似乎房价会一路上扬,工程前景看好。但是从价值规律来看,房地产发展是符合经济规律的,这其中尽管有政府对于房地产业的干预,但是房地产终究还是会以价值规律的形式表现其发展状态的。所以,预防泡沫是房地产工程主体必须考虑的问题。

（二）社会工程中的劳动价值论

这里,我们以齐齐哈尔工程学院为例,探讨一下其中的劳动价值规律。

教育,属于文化性产业,是社会工程。齐齐哈尔工程学院从创办伊始,就在实践中遵循、验证了价值规律,从而取得了今天的成就。

教育工程的价值规律就其基本内容来说,既包括一般商品生产的价值规律,又含有教育工程独特的价值规律。从这个意义上讲,教育工程价值规律的基本内容应包括教育产品和教育服务的价值构成、价值转换与作为商品的教育产品、教育服务的价值和价格的关系。教育工程的价值规律是个重大而现实的理论和实践问题,它决定着学校的发展方向和路径,事关学校的兴衰。

教育工程是教育与经济一体化的产业。如果我们把教育产品作为一种商品来看待,它具有一般商品的二重价值,即使用价值和价值。但是,教育产品又不同于一般的物质产品。从本质上讲,教育活动是一种精神生产。教育成果作为一种社会性和精神性的存在,是以交换为直接目的的文化服务。教育成果一旦获得了消费者的认可和接受,自然也就具有了其特有的交换价值和使用价值。所以,一切教育成果都重叠着文化价值、艺术价值和实用价值,并由此衍生出市场交换价值。不仅如此,有研究者还指出,"文化产品的使用价值不会随着人们的消费和使用而减少或消失;相反,它可以不断地扩散延伸,可以为多人多次消费使用。另一方面,文化产品被消费后,又推动着人们去进行新的实践创造活动,从而实现了文化产品使用价值的增值"。

由此,我们可以知道教育工程（包括教育服务、教育产权）的价值是凝结在教育成果内的社会劳动（包括抽象劳动和制作劳动）;教育成果赢得消费者的认可和接受,推动社会的进步和发展,从而形成了学校教育特有的使用价值;通过学校产业的运作而产生了教育成果的交换价值或市场价值。教育成果的使用价值是文化产品的核心价值。教育成果具有交换价值或市场价值,并且在使用过程中可以增值,这些都是其使用价值的转换。正是沿着这个方向,齐齐哈尔工程学院从最初的自考助学"三面红旗"（东亚学团）,到高职院校的"小清华"（齐齐哈尔职业学院）,再到今天正迈向"卓越"的应用型本科名校,二十年间迈了三大步。

从以上论述中可以看出,在社会主义条件下,工程仍然遵循价值规律,其价值仍旧由社会必要劳动时间决定,所以工程同样是商品。其价格由社会必要劳动时间决定,受供求关系变化影响。

三、工程与资本

工程作为经济活动中的一个组成部分,一样受经济各种因素的制约,主要是资本的制约。降低资本的损耗,增加利润,是所有工程设计、施工方都必须考虑的事情。

(一)工程中资本的作用

工程中资本的作用很大,主要体现在以下几个方面:影响工程的位置、发展速度和信息交流,促进工程内经济主体的合作;从契约角度来看,可以有效解决施工企业技术创新网络中契约缺口问题;有助于工程项目由萌芽阶段向初级阶段发展,并保证产业群由初级阶段进化到高级阶段;有助于促进工程实现知识的转移、流动和创造;有助于促进工程内企业间的集体学习;有助于工程风险投资基地的建立;有助于提高工程内企业创新效率;使工程内技术创新扩散更加迅速;激励工程内人才创新等。

(二)工程与资本的综合考虑

施工计划是控制施工项目的资本条件,施工单元的使命和目的是使用科学技术与管理手段完成施工项目而得到经济效益。其技术的着眼点是保证工程质量,保证工期。就一个工程而言,质量、工期和效益是完整的统一体,缺一不可。质量是条件,是企业在激烈的市场竞争中能够长盛不衰、立于不败之地的决定因素,但工期和效益也不能偏废。如果刻意寻求质量,忽视工期和效益,企业也会因缺少盈余资金的追加致使生长后劲不够,最终导致萎缩和休业。因此在拟订一个工程项目的施工方案时,要进行科学的可行性分析和经济阐发,即首先做到对工程项目资本管理的预测与筹划,为以后的有效控制做好条件保障。

在以往的施工方案中,只是偏重于快,资本使用也就顾及不够,通常不惜价钱地投入大量人力、物力,加大了资本,造成了浪费。如某公司所负担的电信管道穿越京密引水渠的工程,其施工正值冬季,2000年11月份开工,要求次年4月底竣工。春节时期气温到达了一年中的最低值,但为了抢工期,该公司春节时期高薪留下了民工继续作业,还发动单位职工节假日不休息。结果是工程虽然提前竣工,但为此而加大了人工费投入,冬季措施费也相应加大,无形中加大了工程资本。相反,在渠道相邻两处施工的基建队,接受春节放假的安排,虽然工程进度稍慢了些,但也保证了4月底前完成使命。他们节省了大量的冬季施工用度及节假日开支,从经济方面考虑,达到了预期的效果。因此,设计合理的施工计划,拟订一套科学的施工技术方案,使质量与效益达到最佳平衡点,是实现施工项目资本控制的必要条件。

第二节　社会主义市场经济体制——
当代中国最大的工程

建设有中国特色的社会主义市场经济体制,这本身就是一项伟大的社会工程,按照大科学—大技术—大工程一体化的规律,这项重大的社会工程的理论基础包括以下几方面。

1. 大科学：马克思主义的社会科学。
2. 大技术：与市场经济活动相关的自然科学技术、社会科学技术与思维科学技术等。
3. 大工程：交通运输、通信基础设施、经济政策、法律法规、道德规范等。
4. 核心问题：在社会主义条件下，计划与市场如何有机结合的问题。

一、计划与市场两种经济手段

加入生产过程中的人们的经济行为因目的不同、条件不同而呈现多样性，因此，人们的多样的经济行为是需要协调的，而计划和市场就是在生产过程中协调人们的经济行为的两种方式。我们通过历史经验材料得知，计划调节是在生产过程中体现生产资料所有制的社会主义公有属性的最自然而然和最有效的工具和手段；市场自发调节是在生产过程中体现生产资料所有制的非公有属性的最得心应手的工具和手段。

那么，在新的生产资料所有制概念下的混合经济中，计划调节手段和市场调节手段相容吗？这实际是在问如何混合使用这两种调节手段才不至于较大程度地削弱它们各自独立使用时的功效。答案可能不止一种，正确理解计划、市场等概念以及全面了解各种计划工具可能是解决这个问题的重要开端。

二、国民经济的有计划实施

计划是预先制订的用以协调人们的经济行为的目标、程序、规则。完整的国民经济计划手段至少是三个层次的计划手段的组合。

首先是法律、法规性计划手段，包括直接处理人与生产资料及其产出物的经济关系性质的法律、法规，也包括直接处理人与人的经济关系性质的其他法律、法规。把同样具有调节人们经济行为功能的法律、法规理解为计划手段的一种，并不是牵强附会，只不过这类性质的计划更加具有刚性、稳定性和广泛的覆盖性的特点而已。法律、法规性计划手段主要告诉企业等微观单位不能做什么，它是禁令性计划手段。西方理论家在制度经济学产生以前比较忽视制度的调节性作用。实际上许多市场现象已经在根源上由规定人与物之间的经济关系、人与人之间的经济关系的制度性因素预先决定了。我们甚至可以把市场理解为调节人们的自发经济行为的各种制度的组合，传统上被理解为市场的全部内容的自由交易只是这个制度组合中的自由契约制度的表现形式。

其次是国家的政策性计划手段，包括财政政策、金融政策、行政命令等，这类计划手段较具弹性和针对性。恰当的政策性计划手段应该主要是引导性计划手段，它应该主要通过引导企业、个人等微观单位做什么能创造效益来协调经济行为。财政政策包括为应对2008年世界金融危机推出了4万亿财政刺激计划，大修高速公路、铁路等。为了拉动内需，加大转移支付力度，搞家电下乡财政补贴、给市民发购物券等，还有减免税收。货币政策就是降低利率、增发货币等，如自2008年以来央行连续21次上调存款准备金率，但为应对新一轮的世界经济探底，不得不于2011年末下调存款准备金率。

最后是国企微观引导性计划手段。国家通过直接控制国有企业来对市场从而对别的企业产生影响作用，以期达到调控目标。国民财富的创造者尽管肩负多种使命，国有企业在财富创造上同样富有效率。改革开放前，国有企业是国家财政收入的主要贡献者。改革开放后,国有企业为民营企业与外资企业的快速发展提供坚实的基础保障,没有国有企业提供的电力、煤炭、石油等能源和铁路、公路、港口、邮政、通信等公共设施以及各种技术装备和技术人才,就不可能有非国有经济的迅速发展。

三、计划经济与市场经济的有机结合

"理论是什么?理论就是对实践的总结。"推进公有制与市场经济有机结合是一项前无古人的伟大事业,是一项庞大而复杂的社会系统工程。主要从下述三方面论述。

(一)公有制主体地位的实现

1. 充分认识坚持公有制主体地位的客观必然性

市场经济以市场主体多元化和展开竞争为前提,但就宏观和整体而言,多元所有制之间在量上绝非能"平分秋色"、等量齐观。如果放弃或削弱了公有制的主体地位,那就不成其为"社会主义"市场经济,社会主义市场经济体制也难以有效运作,公有制与市场经济结合则无从谈起。

2. 全面理解和准确把握公有制为主体的内涵

全面认识公有制为主体的含义,即它不仅包括国有经济、集体经济,还包括混合所有制经济中的这两种成分;要准确认识和科学界定国有经济的主导作用,即它主要体现在控制力上,要把握好数量与质量、实物形态与价值形态、宏观与微观、静态与动态四个辩证关系。

3. 推进国有经济战略性重组,增强其控制力

这是坚持以公有制为主体的重点、难点和关键。必须坚持开放性、系统论的思维,坚持"有进有退、有所为有所不为"的原则,坚持"抓大放小、壮大活小"的基本方针,遵循客观经济规律,推进战略性重组,提高国有经济控制力。

(二)公有制实现形式的创新

所谓公有制实现形式,一般是指公有资产在经济运行过程中的具体经营方式或组织形式,是生产资料公有制在出资关系、治理结构等社会微观层次上的具体体现。它属"中性"的范畴,与所有制和社会制度性质本身没有必然联系。

1. 积极发展混合所有制经济

混合所有制经济是一种非独立的经济形态或所有制形态,它的性质是由占主导地位的股权决定的。它具有较强的兼容性、鲜明的杂交性、广泛的适应性等特征。我们还要破除"水火不容"论,确立公有制与非公有制经济之间功能互补的发展观;破除"拾遗补阙"论,确立非公有制经济是我国社会主义市场经济重要组成部分的观念;破除"权宜之计"论,确立非公有制经济不仅与社会主义初级阶段共存,而且与社会主义市场经济共存的观念。

2. 大力发展民营经济

所谓民营经济,是指除国有国营以外的所有所有制实现形式和经营方式的总称。民营经济具有与市场经济共生、所有权与经营权统一、生产经营自主、经济活动平等、经济运行竞争等显著特征。发展民营经济是社会主义市场经济的客观要求,是促进地方经济发展的必由之路,是解决就业、维护社会稳定的重要举措,对国有企业改革具有机制示范和借鉴作用。例如,齐齐哈尔工程学院就是一家民办高校,但是正是这所学校开创了中国高校改革的很多新举措。

(三)重塑国有企业市场主体

搞好国有企业,是一个世界性的难题。建立社会主义市场经济体制,将公有制与市场经济有机结合起来,必须紧紧抓住国有企业改革这个经济体制改革的中心环节。而国有企业建立现代企业制度,是实现公有制与市场经济相结合的有效途径。

当我们的计划手段主要是计划手段的有效组合时,计划和市场就是相容的。作为市场上的自由交易主体的企业,完全可以从微观市场营销的角度把计划作为市场的不可控因素来应对;而计划本身就是通过企业对企业的市场自由交易来实现的。这些计划手段在根本上都没有破坏市场的供求规律和价格形成机制;同时它们作为实现调控目标的手段也是有力度的,大大降低了仅仅以自由契约制度为全部内容的市场自发调节所产生的调节成本。

计划和市场是相容的,计划和市场完全可以共同形成混合社会条件下的国民经济的有效调节机制。邓小平指出:"我们的改革不仅在中国,而且在国际范围内也是一种试验,我们相信会成功。如果成功了,可以对世界上的社会主义事业和不发达国家的发展提供某些经验。"它的成功实践,无论理论上还是实践上都远远超越了国界,其"普照之光"必然影响到正在求索中的其他社会主义国家,给世人以吸引、示范和启迪。

第三节　社会主义市场经济对工程师的要求——敢为天下先

一、工程师的作用与意义

进入 21 世纪,中国与世界的联系越来越密切。中国在以更加开放的姿态,在多个领域大踏步融入世界的进程中,为国家培养更多具有国际视野、了解世界文化、具备创新能力的高素质人才,显得尤为重要。

新时代的工程师应该是这样的人:最佳工作系统的设计者,决策者和各级管理者的助手,管理与技术、经理与工程师们、部门与部门、企业与外部环境之间的接口、沟通者和协调人;区别于管理和其他技术人员而有自己独立和具体业务的专业工程师,敢于和善于提出新见解、新思路,并能够及时接受、倡导、推进暂时一般人尚难接受或还未意识到的、没有一定部门或岗位负责的新技术、新工艺、新材料、新方法、新思想、新策略的高参。

最佳工作系统的设计者其核心或最基本的说法,即工程师是最佳工作系统的设计者。换言之,工程师所从事的工作就是一种以某一系统为对象的优化设计/再设计工作,从而使输入系统的人力与其他各种资源得到最充分有效的利用,杜绝/减少各种浪费,实现系统的最大/佳的输出。决策者和各级管理者的助手是从工程师所处地位、作用的角度说明他们是各级领导的助手、参谋和智囊,协助管理者发现问题,做出正确的生产和经营决策,为管理提供科学依据。可见专业并不直接培养决策层——厂长、经理等管理者，而是培养工程师，一种特殊的工程师。接口工程师的意思是指工程师有"接口"的特点，是领导层和其他部门所不能替代的。他们始终从全局和整体出发，为各级管理者提供方便，为各部门参谋和咨询，并对各部门（如设计、制造和供应）之间的业务进行协调与综合。着重说明的是，不能把工程师的工作都理解为系统的总体规划和设计或仅仅充当助手和接口的角色，他们也有明确的专业分工和相对独立的工作职能，具体而实在。

要达到上述要求，最重要的是有具备创新意识和复合型知识。

二、需要很强创新意识的工程师

当前在我国，无论是经济转型，还是社会发展，都离不开科学技术，离不开与经济和应用最近的工程科技。未来二三十年对创新型工程科技人才的培养非常重要，目前我们面临的问题是，虽然工程科技人员数量位居世界第一，但创新性不够，具体来说，工程师应该具有以下创新意识。

（一）需要工作作风的创新

市场经济时代的工程师不能像在计划经济时期那样，只满足完成领导交给的任务就行，应主动关注国内外最新动态，广泛搜集相关产品先进的技术资料，吸收、消化、创新，使所设计开发的产品符合市场的需求，经得起市场的检验，并时刻处于竞争的前列。

（二）需要就业观念的创新

在市场经济多种经济体制并存的时代，应彻底改变"当工程师就是为在国企端个铁饭碗"的传统观念。与其在人才拥挤的国企论资排辈，倒不如找一片"活水去畅游"，找一片"天空去翱翔"。新兴的乡镇企业、私营企业为有志作为的工程师提供了广阔天地。当然真正丢掉"铁饭碗"，去捧"泥饭碗"，需要巨大的勇气。

（三）需要角色观念的创新

当你在竞争激烈的人才市场上千方百计谋一个白领职位时，是否想过有一天靠自己的能力创办企业，做自我事业的主宰呢？有人说，知识分子办企业做老板，你有资本吗？其实，知识完全可以变成资本，知识资本是可以在市场上升值的。市场经济造就了一大批优秀的企业家，其中不乏"知本家"和"儒商"。像微软总裁比尔·盖茨，就将自己和同仁们头脑中的知识变成了巨大的资本，成为世界首富。像我国的四通公司，就是由几名科技人员借2万元起家创业的，靠知识资本发展科技生产，10年后成为全国最大的民营科技企业集团。国内外知名的知识型企业家都为我们树立了典范。

三、需要知识复合型工程师

机器是工业化的标志，先进、智能的机器设备体现了工业现代化的水平。一个大工程涉及机电、建筑、交通、信息、管理等方方面面的技术，需要各有关专业的技术人员各尽其责，并且相关专业应协调配合。特别是在市场经济的时代，竞争机制促使产品的科技含量愈来愈高，功能愈来愈全。一个成功的工程往往是多个学科、多个行业技术互相合作、互相渗透的成果。因此，市场经济需要知识复合型工程师。

工科院校以培养未来卓越工程师为目标,其实质上是培养"一专多能"的人才。学生首先应当掌握"卓越的工程技术能力"。掌握坚实的科学和工程学基本原理、对工程系统的诊断能力,并能够运用这些知识和能力开发具有创新性的设计方案,应对技术、社会、经济等发展变化和现实需求;其次,学生应当承认并深入了解世界的复杂性,应当培养其将来可能从事的工程行业的创造性,以及认识到自身工作可能对人类社会的福祉所产生的巨大作用;再次,学生应当是"积极有效的沟通者",培养在职业范围内外准确判断的能力,还应当对自身职业责任有清楚的认识,清楚了解工程工作的社会、经济和道德后果,并采取主动行为产生积极影响。最后,学生还要能深入了解未来工作将依赖的社会、人类环境,以及他们将面临的专业问题和人文问题。因为任何工程都离不开一定商业、政治、文化和美学背景,只有这样,才能够把工程和现实世界联系起来。

社会主义市场经济体制是我国走向繁荣富强的正确选择,社会主义市场经济需要千千万万德才兼备的工程师以及知识型企业家。党中央、国务院颁布实施的《国家中长期人才发展规划纲要(2010~2020 年)》,科学确定了当前和今后一个时期我国人才发展的战略目标、指导方针和重大举措。其中,作为促进我国经济转型升级、全面提升国家竞争力的必然要求,工程师的涌现和培养意义重大。同学们在大学四年的学习时间不足 1 000 天,要万分珍惜这来之不易的好机会,胸怀报国、强国的远大理想,踏踏实实地学好各方面的知识,从容面对市场的选择。

知识链接

关于"嫦娥"工程的哲学思考

从远古时代嫦娥奔月的美丽传说到明代万虎造箭的悲壮实践,中国人对神秘太空的好奇和探索从不曾止息。但是,只有在新中国成立以后,中华民族向太空的远航才真正开始。开展月球探测工作是我国迈出航天深空探测第一步的重大举措。2010 年 10 月 1日,搭载着嫦娥二号卫星的长征三号丙运载火箭在西昌卫星发射中心点火发射,标志这一工程有了重大突破。本文就"嫦娥"工程的实施从哲学角度作几点思考。

一、"嫦娥"工程政治经济学原理

"嫦娥"工程是一个相当巨大的投资,因此,开展月球探测工作必须从我国国情出发。从 21 世纪开始我国的经济实力显著增强,这为我国实施月球探测工程奠定了坚实的经济基础。载人登月,是一种风险极大、赌注极高的探险。美国和俄罗斯虽然在月球上建立了国际空间站,但为了维系其运行,美国和俄罗斯已经背上了沉重的经济包袱。中国的探月不会重复别人的工作,虽然我们起步很晚,但起点很高,而且花钱不多。特别是随着航天技术的日臻成熟,探月成本已经大大降低。例如,美国在 1998 年实施了一次非常成功的"月球勘探者"计划,只花了 6 200 万美元,远低于 20 世纪六七十年代的水平。印度拟议中的首次月球探测计划总投资也仅约合 7 亿元人民币。因此,我国把首次探月成本控制在 10 亿元人民币之内。这样,我国在发展人造地球卫星和实施载人航天工程之后,与时俱进,适时开展以月球探测为主的深空探测是我国航天活动的必然选择,也是我国航天活动可持续发展,有所作为、有所创新的必然选择。

二、"嫦娥"工程与社会制度

载人登月这样一个巨大的工程,是需要相当的国力支撑的。在旧中国,这是一件根本不可能完成的事情。只有在社会主义的新中国,在党的领导下,才可能实现这一千古之梦。根据国情,我国开展月球探测工程的基本原则为:统筹规划,远近结合,分步实施,持续发展。综合分析国际上月球探测已经取得的成功,以及世界各国"重返月球"的战略目标和实施计划,考虑我国科学技术水平、综合国力和国家整体发展战略,工程按照"快、好、省"的原则,充分利用已有的成熟技术,终于取得了重大进展。

三、从"嫦娥"工程看工程师的作用

我国的航天事业起步晚,但中华民族历来就具有不畏艰险、勇攀高峰的勇气,李智斌就是其中的一个例子。让我们从他身上看一下工程师的劳动。

"每天宿舍—食堂—办公室三点一线,这小子是刚毕业即入学!"同事们这样描述李智斌刚参加工作时的生活。在一次模拟发射程序时,控制系统电脑出人意料地连续两次死机。进入—5分钟准备的关键阶段,主机再次发生"脑瘫痪"。如果不能有效排除故障,大家数十天的心血就会付之东流。危急时刻,李智斌表现出惊人的镇定和冷静,他迅速向01指挥员报告故障现象,并分析了故障原因和可能带来的后果,最后决定改用手动点火方式继续测试。在他沉着冷静的指挥下,控制系统严格按照预定时间,分秒不差地完成了点火。熟悉李智斌的战友们都说,他能取得今天的成就,完全是刻苦学习、勤奋敬业的结果。

正是这样一批工程师的不懈努力,才使得中国的航天事业得以后来居上,成为世界上的航天大国。

思维训练

1.我国曾于20世纪六七十年代开展过"曙光工程"这一载人航天项目,但在20世纪80年代下马,请查阅资料参照当时中国国情,分析其下马的哲学原因。

2.作为一名未来的工程师,你如何用工程哲学观点看待你所学专业。

第八章 工程师的成长

志在空灵,行于细微

迪士尼在好莱坞工作期间就注意到:来好莱坞参观的人都是乘兴而来败兴而去,尤其是一家老小都一脸无奈的样子。1952年的一天,他萌生了自己办游乐园的想法:把风景、娱乐、乡情购物、展览、卖书等集于一体,让孩子们有个感兴趣的地方,甚至来了就不想走,因为好玩的去处数不胜数。公园里有山有水有花草树木,外围是村落、小镇、商店、电影院、游乐场、乐队戏剧演出、食品店、纪念品专卖店、儿童玩具场以及可休息赏景的花样繁多的去处。迪士尼脑子里出现了"迪士尼乐园"的蓝图,并注册成立了迪士尼公司。为此,他专门考察了欧洲公园。那些惹人喜欢的小动物让他流连忘返,于是他索性买回来,如撒丁尼亚的矮驴等。他还想到,电影只能红一时,而乐园可以永远办下去,由此他增强了办迪士尼乐园的信心,并坚信它将是世界上绝无仅有的好玩地方,一定会成功。1954年迪士尼乐园动工修建,迪士尼亲自参加施工设计,甚至包括各种树形、垃圾箱他都给出意见,要求是新鲜、神秘、好玩。建成后,小孩儿成群结队涌来,大人也跟来了,随后世界各地的人也都不远万里到美国来逛迪士尼乐园,各处都让人欣喜若狂,流连忘返。从而迪士尼乐园成为世界第一的人文景观、世界第一的人间乐园。

哲学观点

有的人是"鬼主意"不断,却不善落实,每每雷声大雨点小;有的人虽然兢兢业业,却缺少想法,难免对他人亦步亦趋。只有将两者结合起来方能成大事。

导 言

工程教育的重点在于工程师的培养,根本落脚点是如何提高学生的哲学思维能力,提高学生的实践能力,增强学生的工程伦理责任意识,使工程教育能够适应社会的需求,实现人的全面发展。

第一节 工程师的素质

一、工程师的认定

一般来说,工程师是工程活动的主体,是工程事业的主要承担者。但是,如同我们把工程混在科学技术里不加区分一样,我们也常常把工程师含糊在"科技人员"甚至"知识分子"这样总的概念之中,很少将他们与科学家或其他与技术有关的人员区分开来,进行单独的研究。应当承认,对工程师的认定是一件很困难的事情。在美国就有人提出过以下几方面关于工程师的认定标准:

1.必须获得由权威部门认证的工程或技术专业的学士学位。

2.必须从事通常被认为是工程师所干的工作,如从事工程项目的研究、设计、监督、管理、试验等。

3.必须向官方正式登记注册并获得职业执照。

4.在工程实践过程中,必须以道德上负责任的方式行动并且遵守有效的职业标准。

单从以上任何一个方面来定义工程师、确定工程师的范围都是行不通的。总结以上四个方面的标准,可以认为工程师应当满足以下两个一般的标准:在教育、工作表现或工程创造性等能力、业绩方面达到一定的水准,这样就使工程师区别于技工、技师或者技术员。

1.在职业道德方面对工程师也应有一定的要求。一个工程师如果违背了工程专业的最起码的道德标准,他就失去了继续做工程师的资格。

2.应当指出,工程师在能力方面达到或符合所要求的标准,这也具有伦理意义。例如,在美国,从事工程专业活动不是任何一个普通人都享有的基本的权利(Rights),而是一项只有符合一定条件的人才具有的特权(Privilege)。美国许多工程师专业学会的伦理准则都在工程师的专业能力方面有明确的规定,要求工程师能够"胜任所承担的工作","努力增进能力,并帮助他人也增进能力"。

二、工程师应该具备的素质

(一)知识方面

应掌握必要的基础学科知识、专业技术知识、相关学科知识和人文社会科学知识。工程是一个完整的系统,工程问题具有综合性、复杂性的特点,它的解决可能跨越多个相关的学科领域,也可能涉及经济、社会、资源、环境、法律等多个社会领域。因此,卓越工程师必须具有"宽口径,深基础"的知识结构。

(二)能力方面

应具有搜集和处理信息的能力、分析解决问题的能力、终生学习的能力、组织管理和参与社会活动的能力、工程科技开发与应用的能力以及创新、创造的能力。科学技术日新月异,生产方式、工程技术层出不穷,工程问题复杂多变,仅凭已有的实践经验和知识结构难以满足社会对工程人才的需求。所以,卓越的工程师必须具备吸纳新知识、处理新信息的能力,及时同化新鲜内容,以适应社会经济快速发展的需要。创新、创造的能力处于能力结构的核心,是卓越工程师的"灵魂",是提高经济水平、建设创新型国家的根本要求。此外,作为一名卓越的工程师,他的职责不仅仅是单纯地运用科学理论和技术手段分析与解决具体的工程问题,还承担整个工程的管理监督工作,以保证工程质量与进度。因此,卓越的工程师必须具备综合化、多样化的能力结构。

（三）品德方面

应具备良好的社会公德和高尚的职业道德。卓越工程师处于工程项目的领导地位,必须具有高度的责任感和团队协作的精神,爱业敬业、吃苦耐劳、勤于探索、勇于创新,以实现自身价值,更好地为企业创造效益。俗话说,德不高,而行不远。品德的好坏直接影响着自身的行为以及被领导者的工作态度和工作行为,而最终影响工程绩效。因此,卓越的工程师必须具备优质的品德。

三、工程教育重在培养工程哲学思维

工程教育肩负着培养未来工程师的重任,因此很有必要将工程哲学思维渗透到工程教育的整个过程之中。工程活动的全过程,从工程的调研、论证到具体的工程设计、制造,从工程决策到工程质量控制、评价,都有其自身的规律。在工程教育过程中引入工程哲学思维,将会启发学生将复杂的工程问题抽象化,并在推理分析、归纳演绎的基础上,实现约束条件下的问题求解。因此工程哲学对工程教育具有很强的实践性和应用价值。自觉地运用哲学思维来指导工程建设,这是时代的要求,是全面建设小康社会的需要。如果没有理论思维,如果不会应用唯物辩证法,就会迷失方向,丧失自我。我们在学习和应用唯物辩证法时,应该善于理论联系实际,摸索和把握工程实践的特点和规律,既要解放思想,又要实事求是;既要大胆创新,又要尊重客观现实;既要讲规模、速度,又要讲质量、效益;既要注意眼前利益,又要考虑长远发展。

第二节 对未来工程师培养的思考

一、未来工程师的工程哲学思维

工程思维是思维主体处理工程活动中的信息及意识的活动,是人或人工智能通过特定方式处理工程中问题的过程。工程思维是贯穿于这种工程实践全过程的最主要的思维活动,离开了它,工程行动根本无法进行。因为工程思维广泛地渗透于工程决策、工程设计、工程构建、工程运行以及工程价值评价等工程活动的各个环节之中,所以它不仅在很大程度上决定着工程本身的效率、效益与成败,而且深刻影响着人类的生存与发展。工程哲学思维包括创新性思维、变异性思维、多元性思维、预测性思维、逆向性思维、辩证性思维。工程哲学思维培养的途径包括以下几种。

（一）结合理论加强工程哲学思维

在工程教育中应引入工程哲学，将工程哲学思维贯穿于工程教育的理论学习过程之中。工程中的许多概念、定义、定理、算法等都有很强的工程哲学意义。从对概念的内涵和观点内容的具体把握来说，随处可见。比如规律与规则的比较，变化与发展的比较，主要矛盾和次要矛盾的比较等，可以在具体的理论教学中结合案例为学生进行分析，可以将实践操作中的具体事件用哲学的归纳和演绎的方法进行讲解。再比如稳定性、精度、误差等基本概念，以及工程测量的局限性、反馈控制原理等。如果有意识地穿插有关工程哲学的内容，不仅能够充分调动学生的积极性和主动性，还能够加深其理解程度，便于应用。在理论学习中应强调抽象的理性思维能力，根据具体的工程领域，具体的知识内容，有目的地培养学生这方面的哲学思维能力。

（二）基于项目培养工程哲学思维

基于工程哲学的观点，对工程师的培养也不能采用传统的单一的规范化方法，因此需要格外强调工程项目实践的重要性。在项目实践过程中，需要激发学生的热情，创造问题情境来启发学生的思维。在项目学习中应强调实际问题的求解能力，着重培养学生的仿真分析、实验验证能力，具体来讲，应以课程设置和教学内容的综合性为前提，推进自然科学、人文社会科学、工程技术等课程的通用化，以工程基础教育统领专业基础教育，强化基础教育，加强实践环节，完善学生的知识结构。同时还需要改革教学方法，提高教师的综合素质。

二、未来工程师的伦理责任和职业伦理要求

（一）未来工程师的伦理责任

工程师作为工程活动的主体，在工作过程中会遇到各种伦理问题，在理论和实践中具有很大意义。"责任"作为抽象名词，最早出现于杰里米·边沁的"统治论"篇（1776年）中，其中，"统治者的责任"被描述为一种自我权利，即对行使权力的每一行动的公众责任。所谓伦理责任，一般认为当一个人的行为对他者（人、动物或者生态环境）产生重大影响时，当事人就必须为这种行为的危害承担责任，它强调道德主体的自觉。

工程师是工程实践的主体，也是社会的成员，不仅受到职业道德、工程伦理的约束，也担负着各种社会责任。责任已成为当前社会中的主导性规范概念，正如卡尔·米切姆所说"在当代社会生活中，责任在西方对艺术、政治、经济、商业、宗教、伦理、科学和技术的道德问题的讨论中已成为试金石"。如果说过去更多的是在工程建设中强调工程师对雇主的义务和忠诚，那么现在主要强调的则是工程师对整个人类福利负责。工程既关注个体的职业责任，也关注工程整体发展的责任问题，特别是工程生态问题，力求处理好局部利益与全局利益、经济效益与环境效益、现实需要与长远价值目标之间的关系，以及人与自然、人与社会、工程与环境、建造与审美的关系。在关心和保护我们的星球方面，工程师起着重要而独特的作用。相对于科学家以逻辑—数学推论为主的思维方式，工程师考虑的是工程的过程和模型，后顾性反思和前瞻性谋划伴随着整个计划与开发过程。未来工程

师除了应当具有深厚的专业知识和较强的专业技能外，还应该具有个人品德和社会公德，具有与工程决策、实施相关的社会责任和全球问题的意识，能够关注并能正确影响国家和社会的可持续发展。正如英国萨里大学的罗兰·克里夫特教授所指出的："工程师不仅要会分析工程，还要对其行为承担责任。他们既是一名技术专家，更是一名社会行动者。"

（二）未来工程师的职业伦理要求

工程师的职业伦理是工程伦理学的基本组成部分。所谓职业伦理是指职业人员在从业的范围内所采纳的一套行为准则。职业伦理表明了职业人员对公众的承诺，确保他们在专业领域内的能力，在职业活动范围内促进全体公众的福利。工程师的职业伦理规定了工程师职业活动的方向。它着重培养工程师在面临义务冲突、利益冲突时做出判断和解决问题的能力，前瞻性地思考问题，预测自己的行为的可能后果并做出判断的能力。

1. 质量和安全

质量是工程和技术产品发挥功能、实现其内在的和外在的价值的基础。几乎所有的工程规范都要求把公众的安全、健康和福利放在优先考虑的地位，保证良好的工程质量是实现这一目标的基本条件。工程师直接参与工程活动的每一个步骤，如立项、设计、施工、监理和验收等，并且掌握专业知识，担负着更大的工程责任。与安全密切联系的还有风险。工程师必须保护公众免遭不可接受的风险。由于风险在原则上是不能完全消除的，在工程实践中，一种实际的做法是对风险进行评估。风险评估是对风险带来危害大小和可能性的预测和评价。

2. 诚信、正直和公正

诚信是一种美德，是一项基本的道德规范。有的哲学家提出，与诚实相对立的虚假是和人的本质背道而驰的。在科学和工程活动中，诚信（包括诚实、正直、严谨）是最基本的行为规范，也是科学家、工程师、医生等所必须具备的一种基本道德素养。具体到工程活动，很多行业的工程伦理章程都要求工程师必须"诚实而公正"地从事他们的职业。例如，美国全国职业工程师协会（NSPE）的"工程师伦理章程"要求工程师"只可参与诚实的事业"。其导言中提出"工程师提供的服务必须诚实、公平、公正和平等"；其6项基本准则中，第3、4、5项均涉及诚实，即"仅以客观的和诚实的方式发表公开声明""作为忠诚的代理人和受委托人为雇主和客户服务"和"避免发生欺骗性的行为"，其实践规则部分给出了更为详尽的职业行为原则。

3. 批判性的忠诚

一般来说，工程师都服务于或受雇于一定的组织——公司或企业。工程师的职能就是用他们的技术知识和训练来创造对组织及其顾客有价值的产品和过程。企业需要工程师来提供它必需的高深技术知识，工程师则需要企业提供资金和组织依托。因而，对雇主的忠诚在很多国家都是工程伦理的一个基本原则。作为专业人士，工程师还必须坚持其专业所要求的道德准则，首先这是对公众和社会负责。这两种要求并非总是一致的，常常存在着冲突，是服从于公司的决定还是服从于自己的职业良心，这是工程师常会遇到的问题。从伦理和职业的角度看，最主要的冲突就是在决策过程中，什么情况下应该听管理者的，什么情况下应该听工程师的？工程伦理学中倡导的是一种"批判性的忠诚"。当冲突发生时，工程师应该以建设性的、合作性的方式去寻求问题的解决。但在组织内部的一切努力均告无效的情况下,在事关重大的原则问题(如违反法律、直接危害公众利益或给环境带来严重破坏)上,工程师应坚持自己的主张,包括不服从、公开揭露和控告。这应该被视为工程师的一项权利。

三、未来工程师的工程实践能力

(一)工程实践能力的内涵

从词义上,实践能力可以理解为实践的能力,是个体在生活和工作中解决实际问题所显现出的综合能力,依赖生活经验和实践锻炼。工程实践能力尤其需要工程活动的培养和磨炼。与一般实践能力相比,未来工程师所应具备的工程实践能力更注重综合运用科学理论和技术手段,分析与解决各种工程基本实践能力和工程创新实践能力两个方面。

1. 工程基本实践能力

工程基本实践能力是完成某项工程活动所必备的基础能力,以工程的质量和价值意义作为衡量标准,具体包括:哲学思维能力、社会认知能力、表达沟通能力、收集处理信息能力、分析设计能力、决策实施能力、专业写作能力、自主学习能力等。其中,哲学思维能力是当前工科大学生工程实践能力培养中的薄弱环节。工程活动本身就蕴含着许多辩证法,哲学的思维贯穿工程设计、实施、运行、管理、评价和服务的全过程。整个工程系统都需要运用哲学的思维来分析、统筹和综合,尽可能协调各相关要素,努力建造绿色工程、和谐工程。因此,现代高等工程教育中不仅要通过相关工程哲学知识的学习以强调哲学思维对工程实践能力提高的重要性,还要通过系统、科学的实践教学的历练,在潜移默化中使学生能在工程实践中自觉运用哲学进行思考,树立全局思想,指导工程建设。

2. 工程创新实践能力

工程活动的典型特征是建造新的存在物,超越存在和创造存在是它的本质特征。是否实现了工程创新也便成为评价一项工程及工程共同体优劣的重要指标。工程创新依靠工程实践,正如杨叔子院士所言,"创新之根在实践",实践活动是未来工程师创新意识和创新能力的源泉。此外,工程知识本身具有明言性和默会性的内在属性。前者可以通过具体的工程知识学习过程获得和掌握,后者则必须在实践的工程活动中,通过解决工程问题才能领会。因而现代高等工程教育迫切要求加强工程创新实践能力的培养,具体包括:获取新知识能力、科研开发能力、国际交流能力、综合协同能力、组织管理能力、监控评价能力等。此外,现代工程具有显著的全球化特征,许多工程创新都必须依靠国际化的合作。正如美国国家工程院院长威廉·伍尔夫所言:"工程是全球性的,工程只有在整个行业背景下才能进行。工程的设计应考虑全球化和企业背景的制约。"可见,具有全球性视野,以及具备与不同国家不同文化的人进行工程合作的能力,便成为现代工程创新能力的突出特点,也成为新世纪工程师的时代特征。

(二)提高未来工程师实践能力应遵循的原则

1. 以人为本的原则

工程实践是落实科学发展观、实现全面协调可持续发展的重要手段。以人为本是科学发展观的核心,其根本目的在于对人性的唤醒和尊重,最广泛地调动人的积极性,最充分地激发人的创造力,最大限度地发挥人的主观能动性。工程主体的素质结构与创新、实践能力直接决定着工程的质量与我国现代化进程。因此,工程教育要顺应现代工程特点,依据学生个人特点与潜质,最大限度调动学生的主观能动性,激发潜能,将以人为本原则落到实处。

首先,高校教学模式要从以教师为中心转向以教师为主导、以学生为主体,提倡启发式、交互式、讨论式、探究式教学方法,强化学生的主体意识和作用,把学生看作是充满活力的知识探索者和潜在的知识创造者,让知识获得的过程成为创造能力培养和创新人格养成的过程;其次,要打破千人一面的教育方式和统一僵化的管理模式,根据学生智商高低、基础好坏、能力强弱、个性心理品质特点等的不同,实行因材施教和创造性教育,为学生的个性自由发展和优秀拔尖人才的成长提供广阔的空间;最后,要改变以命令与控制为主的传统管理方式,坚持以师为本,实现管理重心由"物"到"人"的转变,确立教师在办学中的主体地位和在教学中的主导地位,处处体现对教师的尊重和信任,充分激发教师的主人翁意识和工作创造性。

2. 实践性原则

工程活动过程就是工程实践的过程,同时又是一种创造性活动开展的过程,工程创新离不开工程实践,任何创新能力都是在实践中习得的。工程教育源于实践而最终又要归于实践,重视实践教育已成为当今世界高等教育特别是工程教育发展的重要特征。但我国高校重理论轻实践现象长期存在,扩招后高校实践环节更是有所削弱。因此必须强化实践育人的功能,注意从以下几方面着手:

其一,强化实验与实习环节。高校特别是理工科大学必须加强实验室和校内外实习基地建设,改革实验实习内容和评价方法,并充分利用社会教育资源,产学研结合共建较稳定的校外实习基地,形成高校与社会资源互补互动、共同培养创新人才的局面。其二,大力推进创新基地建设。创新基地是高校实现创新教育,培养创新人才的理想平台。高校要依托现有的校内外实习基地、试验中心、研究所等资源优势,建立形式多样、各具特色的创新基地,为大学生提供宽广的创新活动舞台。其三,重视毕业设计(论文)的创新性。毕业设计(论文)的选题要结合科研与生产实际,具有一定的新颖性和实践性,指导教师既要给予学生适当的指导和点拨,也要留给学生独立思考和自主完成的自由空间,并在考核评分中优先考虑其中的创新性。其四,丰富第二课堂的创新实践活动。第二课堂是第一课堂的延伸、补充和拓展。高校要通过举办科技节、学术讲座、大学生科技报告会,开展科技、艺术、体育等各类社团活动,组织形式多样的科技(学科)竞赛等方式,激发学生的创新热情,张扬学生的创造个性。

3. 教研结合的原则

工程活动是技术的系统集成,也是非技术因素的集成。随着现代工程活动时间与空间维度的不断拓展,它对社会、经济、生态、环境等方面的影响愈来愈大,其非技术的集成性日益成为工程界、哲学界和教育界关注的焦点。我国高校强调知识传授系统性和完整性的刻板单一的课程结构与传统教学方法显然已不能适应工程科技的发展要求,亟须通过课程体系与教学方法改革拓宽学生知识面,将教学与科研紧密结合在一起,实现教研相长,人才培养与科技创新相得益彰。

通过优化课程结构,更新教学内容。高校要按照加强基础性、突出实践性、注重研究性、体现交叉性、关注人文性的原则,优化人才培养方案和课程体系,增加选修课程比例,增设人文综合课程、前沿交叉课程和实践性课程,实现课程设置的现代化、综合化、创新性与多样性,培养既有人文精神又有科学素养,富有创新个性和创新能力的通专结合型高素质人才。为学生提供一个独立实验、实践的机会,使其体验科学探索的过程,掌握科研的方法,并有所创新和发明。

4. 激励性原则

学生创新能力与其创新个性品质密切相关,只有有效地调动积极的创新动机、激发创新兴趣和热情,才能保证学生的创新能力得以培养和发挥。可见,激励措施在创新个性品质的形成过程中起着重要的作用。哈佛大学詹姆斯教授对人的激励问题做过专题研究,他认为,对一个人的能力发挥而言,施以激励与没有激励相比其间幅度差距达 60%。高校不仅要将激励机制贯穿于教学双边互动过程之中,鼓励学生敢于质疑和问难,还要在学生评价和实践创新活动中坚持激励性原则。在评价标准与内容上,要从以接收和掌握知识的效果评价转向以培养创新精神与实践能力的效果评价,重点测评学生灵活运用知识自主分析、解决问题的能力以及实践、创新能力;在考核形式和方法上,要从单纯检验知识的掌握转向更多地关注创新意识、实践与创新能力的检验。

(三)提高未来工程师实践能力的途径

1. 鼓励学生积极参加顶岗实习

学生可以在实习期内进行岗位轮换,全面深入地了解职业需求并从感性上认识和掌握专业理论,有助于专业学习与实际训练。在实习期间,要求学生在真实的实践环境中,以"准职员"的身份,在工作岗位上进行具体的工作。将教学环境从教室搬到工厂或办公室,教师换为企业工程师,课后习题转化为生产实践中的具体问题的这种模式,有助于提高学生在复杂环境中解决问题的能力,有助于强化实践综合能力,有助于增强学生的责任感与使命感。充分调动学生、学校和企业的积极性。从学生的角度来说,由于学生通过一年的顶岗实习找到自身条件与岗位需求的差距,所以对返校后的继续学习就更加有目的,更加有热情。从学校的角度来说,学校通过学生在实习中的工作表现及水平,可以发现自身的教学优势及存在的问题,有针对性地调整教学计划,推动教育教学改革。从企业的角度来说,企业在学生一年的顶岗实习期间,可以全面考察未来员工的综合素质,挑选符合本单位标准的人才,为企业进一步发展注入"新鲜血液"。

2. 开发多样化的实践参与模式

(1)以准工业化训练为目的,强化校内实践能力

校内实践基地是大学生开展自主性学习、科技创新实践的重要依托。基地建设不仅要以实践工程知识为重点,以师生互动、团队合作为核心,以自主性实践、研究性学习为主要形式,还要建立基于对专业知识、职业岗位能力和职业素质结构分析基础之上的互相关联的实践教学环节,努力营造现代生产、建设、服务、管理第一线真实的或仿真的职业环境,并注意形成自身的"企业文化"氛围,做到"四个贴近",即贴近工程、贴近生产、贴近技术、贴近工艺,同时还要加强职业素质和职业道德的培养,以准工业化标准进行考量与管理。

（2）以产学研合作为依托，提升校外实践参与意识

产学研合作作为一项由企业、高校和科研院所共同参与的综合性的科技与经济相结合的组织工作，是提高实践教学水平、提升校外实践教学质量与效果的重要途径。目前，我国高校普遍针对学科专业特点设立了创新基地、实践（实训）基地，拓宽了实践教学途径，取得了一定成效。但高校与企业产学研合作的开展无论在力度上还是效果上都与国外有很大差距。高校要通过鼓励社会资源以投资、参股等方式参与实验室、创新基地、实践（实训）基地建设，通过省部共建、校企合作加大实践教学资金投入，大力整合现有资源，改善校内外实践教学条件，努力构建从基础层的模拟实训，到综合层的仿真实训，再到提高层的真实训练的逐步逼真、逐层提高的实践教学体系。

知识链接

习近平的青年志：中国梦属于青年一代

"中国梦是我们的，更是你们青年一代的。中华民族伟大复兴终将在广大青年的接力奋斗中变为现实。"习近平在中国航天科技集团公司中国空间技术研究院视察时曾这样勉励青年。党的十八大以来，习近平在多个场合、用多种形式表达了对青年的高度重视和热切关心。中国青年网记者发现，习近平多次出席青年活动，与青年谈心，给青年回信，为新形势下党的青年工作指明了方向。而越来越多的中国青年正以勤学、修德、明辨、笃实的努力，诠释着"少年智则国智，少年进步则国进步"的内涵。

勤学：不但专攻博览，更要心怀世界

1970 年，夜里 12 点，延安梁家河村的窑洞里，墨水瓶做的煤油灯下，有一个看书的知青。别的知青带衣服带吃的，这个知青不一样，他带了满满一箱书。晚上和午休间隙，他都会在窑洞看书，一看就忘了时间。

这个年轻的知青就是习近平。在这些书中，"大道之行也，天下为公""天行健，君子以自强不息"等思想和理念逐渐构筑着他的精神世界。在 2015 年 7 月 24 日中华全国青年联合会第十二届委员会全体会议上，习近平将自己对"勤学"的思考与青年们分享："德才并重，情理兼修""前进要奋力，干事要努力"。无独有偶，2014 年同北京大学师生座谈时，他嘱咐同学们"要勤于学习、敏于求知，注重把所学知识内化于心，形成自己的见解，既要专攻博览，又要关心国家、关心人民、关心世界，学会担当社会责任。"

"勤学"，不但专攻博览，更要心怀世界。殷殷嘱托，带给青年一代的不仅有实践检验的学习方法，更有砥砺前进的学习精神。"读万卷书，行万里路。"今天的中国青年已把学习的眼光投向全世界，地球村的各个角落都能见到"勤学"的中国青年。伦敦帝国理工学院机械工程系在读的博士生邵祝涛告诉中国青年网记者，"每次路过校园的图书馆，深夜仍在挑灯学习的很多是华人，中国留学生勤奋学习的认真态度和务实习惯都给外国人留下了很深刻印象。"在国外留学，更多的中国青年用"勤学"的行动告慰祖国，不悔青春。

"勤学"，不仅从书本上学，更从实践中学。正如习近平谈到的青年要树立"事业靠本

领成就"的观念,如今,越来越多在"勤学"中探索出的专利技术正诠释着"中国制造"的崭新内涵。中国南车株洲所的青年高级工程师尚敬告诉中国青年网记者:"每次有人问起我们的技术是不是抄袭国外的,我们都觉得好委屈啊。我们不是什么技术都比国外好,但是我们比国外好的技术越来越多。"而他提供的一组排名更令人自豪:"中国南车多项专利技术世界第一。高铁实际运营速度仍然是中国全球第一。"

修德:养大德者方可成大业

1982 年,在正定县委大院有一间简陋的办公室,里面住着年轻的县委副书记习近平。他的床铺简单得不能再简单:两条长凳支起一块木板,铺上一条打满补丁的旧褥子。自己住得简单,却不能让孩子们住得简单。习近平在学校危房普查中发现 200 多所村小学共有 3 590 平方米危险校舍,他心急如焚。实地调研,他发现北贾村小学校舍陈旧,就自己捐出 200 元钱帮助改善办学条件。奔走两年,正定终于筹措资金对 1 020 间近 15 000 平方米危房进行了维修。

"立志报效祖国,服务人民,这是大德,养大德者方可成大业。"在习近平的眼中,"修德"的本质还是服务祖国和人民。于是,有这样一批青年选择了回到家乡投身教育事业。2014 年教师节前夕,习近平到北京师范大学慰问和看望广大师生,当时历史学院的大四学生古丽加汗·艾买提就告诉总书记,自己将回老家乌鲁木齐的中学实习。古丽加汗·艾买提接受采访时告诉中国青年网记者,自己已如愿被乌鲁木齐市第二十三中学聘为高中历史老师,她说:"我是免费师范生,也很喜欢当老师,家乡需要我这样的人才,我一定要回家乡做贡献。"

在 2015 年的新年贺词中,习近平曾给全国人民点赞,其实并非要求每个人有惊天动地、轰轰烈烈的壮举,只要在平凡岗位上尽心尽责,就能有一分热,发一分光,用点滴行动服务人民。如果每个人都能自觉把人生理想和家庭幸福融入"中国梦"之中,何愁"中国梦"没有康庄大道?

明辨:是非明,方向清,路子正

1973 年入党后,习近平被村民推选为梁家河村的村支书。村民巩振福回忆:"他直,不管你是谁,不讲脸面,不留情。对就是对,错就是错,不怕得罪人。"村民石治山说,习近平为人正派。"村里有人劳动表现好,他就看重。不好的,就批评教育。拍马屁绝对行不通,他反感得厉害。"

"是非明,方向清,路子正",不仅是习近平对青年时代的自己提出的要求,也是他对今天的青年们提出的要求。做到这些的前提是"树立正确的世界观、人生观、价值观",习近平认为,这样才能稳重自持,从容自信。一脉相承,2015 年 1 月 12 日,习近平同 200 余名中央党校第一期县委书记研修班学员畅谈交流"县委书记经"时谈到,"那个时候我年轻想办好事,差不多一个月大病一场。要先把自己的心态摆顺了,内在有激情,外在还是要从容不迫。"这激情就来自正确的方向,所以他也说过,人生的第一粒扣子就要扣好。

"千淘万漉虽辛苦,吹尽黄沙始到金。"面对网络上各种思潮的互相激荡,2015 年五四青年节,网络作家周小平执导的网络短片《你好,青年》走红网络。片中展示的一项项中国成就,让一些"抹黑中国"的论调不攻自破。不少网友在微博中留言,网友@清明不语留言说:"这个社会并不是没有黑暗,黑暗我们无法回避,我们要做的是不让黑暗遮蔽内心只剩庚气。加油少年,加油青年,中国的未来我们参与。"

笃实:只要坚持,梦想总是可以实现的

正定有县委书记在机关食堂和大家一起"吃大锅饭"的传统,这个传统是习近平在任时留下的。长篇通讯《习近平同志在正定》这样写道:习近平在正定工作期间,不仅靠他过人的胆识、务实的作风和忘我的工作打动了干部群众,更以坦诚朴实、谦虚谨慎、实事求是、亲切和蔼的为人,给大家留下了深刻印象。

一个"实"字,是老百姓对习近平最真诚的评价。在 2016 年新年贺词中,习近平勉励大家,"只要坚持,梦想总是可以实现的。"2015 年 10 月 26 日,习近平在联合国教科文组织第九届青年论坛开幕式上的贺词中提到,"中国支持青年发展自身、贡献社会、造福人民,在实现中国梦的历史进程中放飞青春梦想。"实实在在地坚持梦想,实实在在地贡献社会,这叮嘱引领着新一代中国青年扎根基层,更吸引着年轻一代的海外游子越来越多地归国投身祖国建设。

据统计,改革开放以来,已有 74.48% 的留学人员学成后选择回国发展。每年的 1、2 月是不少国外名校截止申请的日子,嘉华世达国际教育美国项目部副总监衣艳刚告诉中国青年网记者:"2014 年赴美留学的中国学生人数超过 27 万,年增长率为 16.5%,2015 年人数仍将持续增长。留学人数逐年增加的同时,我国也迎来了史上最热'回归潮'。"

习近平用鼓励的目光给青年以支持,在大众创业、万众创新的新局面中,2015 年,中国青年不负众望,2016 年,青年依然在路上。

勤学、修德、明辨、笃实,今天的中国青年正在心怀"中国梦",踌躇满志,厚积薄发。转眼间,"中国梦"已经在辽阔的中华大地上抽丝发芽、蓬勃生长,满眼又将是饱满新绿!

——摘自中国青年网 2016 年 1 月 4 日

思维训练

1.阅读材料展示了习近平总书记青年时期工作学习的片段,思考大学生应该树立什么样的学习理念?

2.结合专业分析大学生应该培养什么样的工程哲学思维?

参考文献

1.北京大学哲学系外国哲学史教研室.西方哲学原著选读上卷[M].北京:商务印书馆,1981.

2.北京大学哲学系外国哲学史教研室.古希腊罗马哲学[M].北京:商务印书馆,1961.

3.赵敦华.西方哲学简史[M].北京:北京大学出版社,2001.

4.北京大学哲学系外国哲学史教研室.古希腊罗马哲学[M].北京:商务印书馆,1965.

5.色诺芬.回忆苏格拉底[M].吴永泉,译.北京:商务印书馆,1984.

6.戴本博.外国教育史[M].吴永泉,译.北京:人民教育出版社,1989.

7.休谟.人性论[M].北京:商务印书馆,1980.

8.苗力田.亚里士多德全集.第七卷[M].北京:中国人民大学出版社,1993.

9.卢克莱修.物性论[M].方书春,译.北京:商务印书馆,1981.

10.西塞罗.论共和国论法律[M].苏力,沈叔平,译.北京:商务印书馆,1999.

11.罗素.西方哲学史(上卷)[M].北京:商务印书馆,1963.

12.周辅成.西方伦理学名著选辑(上卷)[Z].北京:商务印书馆,1964.

13.白红.阿奎那人学思想研究[M].北京:人民出版社,2010.

14.张严.奥古斯丁"信仰寻求理解"的哲学诠释学解读[J].世界哲学,2007(01).

15.奥卡姆的剃刀定律[J].新东方,2005(Z1).

16.于澄,颜萍.奥卡姆剃刀的管理学意义[J].学海,2006(06).

17.斯特龙伯格.西方现代思想史[M].北京:中央编译出版社,2005.

18.薄伽丘.十日谈[M].上海:上海译文出版社,1986.

19.颜玉强.西方哲学画廊3:人性的欢歌[M].贵阳:贵州人民出版社,1996.

20.爱德华,麦克诺尔,伯恩斯等.世界文明史(第二卷)[M].北京:商务印书馆,1990.

21.康德.历史理性批判文集[M].北京:商务印书馆,1997.

22.神圣家族.马思全集(第2卷)[M].北京:人民出版社,1982.

23.休谟.道德、政治及文学论集[M].北京:商务印书馆,1972.

24.康德.未来形而上学导论[M].庞景仁,译.北京:商务印书馆,1978.

25.傅佩荣.读懂西方哲学史[M].北京:中华书局,2010.

26.冯俊.笛卡尔第一哲学研究[M].北京:中国人民大学出版社,1989.

27.冯俊.开启理性之门[M].北京:中国人民大学出版社,2005.

28.笛卡尔.第一哲学沉思集[M].徐陶,译.北京:九州出版社,2007.

29.刘易斯.笛卡尔和理性主义[M].管震湖,译.北京:商务印书馆,1997.

30.姚鹏.笛卡尔的天赋理念说[M].北京:求实出版社,1987.

31. 吴丽丽. 莱布尼茨唯理主义认识论中的感觉经验[J]. 宿州教育学院学报,2004(6).

32. 洛克. 人类理解论[M]. 关文运,译. 北京:商务印书馆,1959.

33. 康德. 纯粹纯粹理性批判[M]. 韦卓民,译. 武汉:华中师范大学出版社,1991.

34. 赵晓春. 莱布尼茨[M]. 上海:上海交通大学出版社,2009.

35. 叶剑锋. 政治自由的实践诉求:论孟德斯鸠自由思想的工具理性价值[J]. 中共福建省委党校学报,2004(6).

36. 田丰. 孟德斯鸠自由思想述评[J]. 湖北行政学院学报,2004(3).

37. 李宪明. 历史的丰碑(思想家卷):孟德斯鸠,杰出的资产阶级启蒙思想家[M]. 长春:吉林人民出版社,2013:30-32.

38. 陈百强. 伏尔泰轶闻[M]. 阅读与作文(高中版),2010(21).

39. 卢梭. 社会契约论[M]. 北京:商务印书馆,2003.

40. 邹燕. 人生而自由:论卢梭的自由观[J]. 兰州:兰州大学,2007.

41. 董果良,王燕生,徐仲生,等. 圣西门选集[M]. 北京:商务印书馆,1979.

42. 恩格斯. 社会主义从空想到科学的发展[M]. 北京:人民出版社,1997.

43. 缘中源. 哲学经典名言的智慧[M]. 北京:新世界出版社,2010.

44. 常新. 西方哲学的智慧[M]. 西安:西安电子科技大学出版社,2010.

45. 黑格尔. 黑格尔的智慧[M]. 刘烨,王劲玉,译. 北京:中国电影出版社,2007.

46. 张世英. 论黑格尔的逻辑学[M]. 3 版. 北京:中国人民大学出版社,2010.

47. 康德. 康德谈道德哲学[M]. 叶昌德,译. 长春:北方妇女儿童出版社,2004.

48. 张世英. 西方哲学史[M]. 北京:中国大百科全书出版社,2010.

49. 陈来. 宋明理学[M]. 上海:华东师范大学出版社,2004.

50. 程俊英. 诗经译注[M]. 上海:上海古籍出版社,2004.

51. 程颢. 二程集[M]. 北京:中华书局,1981.

52. 管曙光. 春秋左传[M]. 北京:中国古籍出版社,1989.

53. 郭丹. 左传国策研究[M]. 北京:人民文学出版社,2004.

54. 韩星. 先秦儒法源流述论[M]. 北京:中国社会科学出版社,2004.

55. 黄怀信. 逸周书校补注译[M]. 西安:三秦出版社,2006.

56. 文碧方. 也论儒家伦理道德的本原根据[J]. 哲学评论,2004,01.

57. 孙诒让. 墨子间诂[M]. 北京:中华书局,1986.

58. 沈善洪,王凤贤. 中国伦理思想史[M]. 北京:人民出版社,2005.

59. 江畅. 墨子的兼爱理想与世界和谐的建构[J]. 伦理学研究,2006.

60. 梁启超. 先秦政治思想史[M]. 天津:天津古籍出版社,2003.

61. 朱仁显. 早期儒法治国思想融合的轨迹与影响[J]. 政治学研究,2003.

62. 韩星. 儒法整合秦汉政治文化论[J]. 北京:中国社会科学出版社,2005.

63.萧公权.中国政治思想史[M].辽宁:辽宁教育出版社,1998.

64.论语[M].上海:上海古籍出版社,1996.

65.冯契.中国古代哲学的逻辑发展[M].上海:华东师大出版社,1997.

66.谢祥皓.中国儒学[M].成都:四川人民出版社,1993.

67.李金河.魏晋南北朝经学论述[J].山东大学学报,1997(01).

68.冯天瑜.中华文化史[M].上海:上海人民出版社,1991.

69.嵇康.与山巨源绝交书[A].刘盼遂.中国历代散文选[C].北京:北京出版社,1986.

70.张骘.文士传[A].周勋初.魏晋南北朝文学论丛[C].南京:江苏古籍出版社,1999.

71.田文棠.论魏晋思想的文化意义[J].中国文化研究,1997(01).

72.王弼.《老子》注[M].上海:上海古籍出版社,1996.

73.郭象.《庄子》注[M].上海:上海古籍出版社,1996.

74.汤用彤.魏晋玄学论稿[A].张贷年,等.文化的冲突与融合[M].北京:北大出版社,1997.

75.季乃礼.试论玄学中"自然"的儒化[J].社会科学战线,1996(06).

76.杨国荣.论魏晋价值观的重建[J].学术月刊,1993(11).

77.黑格尔.哲学史讲演录(第3卷)[M].北京:商务印书馆,1983.

78.朱贻庭.中国传统伦理思想史[M].上海:华东师大出版社,1989.

79.马啸,陈正翁.寂灭与再生[M].北京:国际文化出版公司,1988.

80.邵宁,肖青峰.浅论魏晋至隋唐的儒释融合[J].理论学刊,2006(06).

81.李江涛.汤用彤与魏晋玄学研究[J].历史教学问题,2003(04).

82.王晓毅.魏晋玄学的回顾与瞻望[J].哲学研究,2000(02).

83.杨志刚.新时期以来阮籍研究综述[J].许昌学院学报,2006(01).

84.方勇,杨妍.论佛学与庄子学的相互倚重[J].浙江大学学报(人文社会科学版),2004(05).

85.徐公持.论魏晋玄学思想资源在两汉时期的整合[J].福州大学学报(哲学社会科学版),2006(01).

86.赵宏志.魏晋玄学的个性特征[J].学术交流,2006.

87.刘桂华.酒杯中的魏晋风流[J].工会论坛,2006(03).

88.南怀瑾.中国佛教发展史略[M].上海:复旦大学出版社,1996.

89.释净空.认识佛教[M].北京:线装书局,2010.

90.文史知识编辑部.道教与传统文化[M].北京:中华书局,2005.

91.刘小枫.儒教与民族国家[M].北京:华夏出版社,2007.

92.郑超,赵东华.浅析禅宗的起源与发展[J].东方企业文化·天下智慧,2010(12).

93.北京大学哲学系哲学教研室著.中国哲学史[M].2版.北京:北京大学出版社,2003.

94.朱熹.朱子语类卷5[M].北京:中华书局,1986.

95.冯友兰.中国哲学史[M].上海:华东师范大学出版社,2011.

96.胡适.中国哲学史大纲[M].长沙:岳麓书社,2010.

97.李泽健.什么是本体论[J].学术中国,2011,03.

98.江畅.论本体论的性质及其重建[J].哲学研究,2002(01).

99.栾栋.中西方哲学在本体论上的差别[J].哲学动态,1997(02).

100.李晨阳.中西方比较哲学重要问题研究[M].北京:中国人民大学出版社,2004(10).

101.徐品忠.中西方思维差异在文字上的反映[J].湖南科技学报,2010(09).

102.张忠.哲学修养[M].长沙:湖南大学出版社,2011(01).

103.胡翠娥.中西思维差异与汉英语言特点之关系[J].南开学报(哲学社会科学版),1999(03).

104.黄富峰,黄秀珍.中国传统道德观[J].中国德育,2008(04).

105.宋希仁.道德观通论[M].北京:高等教育出版社,2000(07).

106.吕红.中西方道德观比较[J].郑州航空工业管理学院学报,2007(01).

107.戴春花.从哲学角度看中西方价值观的差异[J].考试周刊,2008(25).

108.李玉萍,粟慧.文化道[M].北京:清华大学出版社,2008(06).

109.安乐智,郝大维.儒家民主主义[J].中国教育文摘,2006(09).

110.赵庆杰.家庭与伦理[M].北京:中国政法出版社,2008(06).

111.李伯聪.努力向工程哲学领域开拓[J].自然辩证法研究,2002(7):36-39.

112.李伯聪.目的论:工程哲学的一个核心问题[J].学习时报,2004(09).

113.黄正荣.工程哲学的研究对象、内容及其学科意义[J].重庆理工大学学报(社会科学版),2010(7):88-91.

114.段瑞钰.哲学视野中的工程[J].西安交通大学学报(社会科学版),2008(1):1-5.

115.陈凡.论经济领域中的工程哲学问题[D].中国石油大学硕士研究生学位论文,2007:6.

116.吴畏,廖佳林.工程哲学:"元"哲学与社会认识论的视野[J].自然辩证法研究,2006(3):42-46.

117.赵卫国.工程哲学的实践哲学基础[J].自然辩证法研究,2005(3):74-77.

118.马成松.对工程中几个哲学观念的思考[J].长江大学学报(社会科学版),2007(12):137-138.

119.李伯聪.工程哲学引论:我造物故我在[M].郑州:大象出版社,2002.

120.李伯聪.人工论提纲:创造的哲学[M].西安:陕西科学技术出版社,1988.

121.肖平.工程伦理学[M].北京:中国铁道出版社,1999.

122.刘则渊,王续琨.工程·技术·哲学[M].大连:大连理工大学出版社,2002.

123. 杜澄,李伯聪. 工程研究:跨学科视野中的工程(第 1 卷)[M]. 北京:北京理工大学出版社,2004.

124. 张明国. 从"技术哲学"到"工程哲学":实现哲学研究的新转向和新拓展[J]. 自然辩证法通讯,2002.

125. 王宏波. 简论工程哲学的基本问题[J]. 自然辩证法通讯. 2002(6).

126. 丁云龙. 打开技术黑箱,并非空空荡荡:从技术哲学走向工程哲学[J]. 自然辩证法通讯,2002(6).

127. 徐长福. 工程问题的哲学意义[J]. 自然辩证法研究 2003(5).

128. 罗森林. 工程系统论的一些探讨[J]. 系统工程与电子技术,2000(6).

129. 全国造价工程师培训教材编写组. 工程造价确定及控制[M]. 北京:知识产权出版社,2001.

130. 全国监理工程师培训教材编写组. 工程建设投资控制[M]. 北京:知识产权出版社,2000.

131. 张志永,等. 科学技术哲学概论-现代自然辩证法[M]. 南昌:江西高校出版社,1997.

132. 亚里士多德,吴寿彭译. 形而上学[M]. 北京:商务印书馆,1959.

133. 培根. 新工具(第一卷,第二卷)[M]. 北京:商务印书馆,1984.

134. 恩格斯. 自然辩证法[M]. 于光远,等,译. 北京:人民出版社,1984.

135. 李伯聪. 技术哲学和工程哲学点评[J]. 自然辩证法通讯,2000(1).

136. 远德玉. 工程哲学与工程的技术哲学[J]. 自然辩证法通讯,2001(6).

137. 李继宗. 关于哲学的几个问题的随想[J]. 自然辩证法通讯,2002(6).

138. 李伯聪. 自然哲学和工程哲学[J]. 自然辩证法通讯,2002(6).

139. 张检身. 工程项目承包与管理 [M]. 北京:机械工业出版社,2006.

140. 李伯聪. 关于工程和工程创新的几个理论问题[J]. 北方论丛,2008(2)103-108.

141. 颜玲. 工程哲学体系的建构[D]. 南昌大学硕士论文,2005:36-38.

142. 艾新波,张仲义. 工程哲学视野下系统工程若干问题的再认识[J]. 自然辩证法研究,2009(4):148-54.

143. 汪应洛,王宏波. 工程科学与工程哲学[J]. 自然辩证法研究,2005(9):59-63.

144. 殷瑞钰. 哲学视野中的工程[J]. 西安交通大学学报(社会科学版),2008(1):4-8.

145. 田鹏颖. 唯物史观视野中的社会工程哲学[J]. 哲学动态,2008(7):45-49.

146. 丘亮辉. 新世纪自然辩证法研究的两个方向[J]. 自然辩证法研究,2006(8):94-98.

147. 黄顺基. 社会工程哲学与马克思主义理论研究和建设工程[J]. 西安交通大学学报(社会科学版),2009(11):66-72.

148. 陈晓利. 米切姆的工程哲学思想研究[D]. 哈尔滨工业大学硕士论文,2007:21-22.

149. 朱训. 国家建设需要工程哲学[J]. 学习时报,2005(4).

150. 王升. 工程哲学与传统技术哲学之关系初探:《工程哲学引论》一书引出的几点思考 [D]. 大连理工大学硕士论文,2007:16-18.

151. 李伯聪. 工程社会学导论:工程共同体研究[M]. 杭州:浙江大学出版社,2010.

152. 赵翼翔,闵敏. 工程哲学:在工程教育中的价值与实践途径[J]. 广东工业大学学报(社会科学版),2006(9):81-83.

153. 徐长山,任立新. 辩证法与工程 [J]. 燕山大学学报,2008 (6):7-10.

154.《马克思主义基本原理概论》编写组. 马克思主义基本原理概论[M]. 北京:高等教育出版社,2010.

155. 王全书. 弘扬和培育民族精神:论红旗渠精神的时代价值 [J]. 河南社会科学,2004(1):79-84.

156. 全国工程硕士政治理论课教材编写组. 自然辩证法在工程中的理论与应用[M]. 北京:清华大学出版社,2007.

157. 吴畏,廖加林. 工程哲学:"元"哲学与社会认识论的视野[J]. 自然辩证法研究,2006(3):42-46.

158. 王勇. 三门峡水利工程的决策分析及其哲学反思[D]. 西安:西安建筑科技大学,2005.

159. 田鹏颖. 社会工程哲学[M]. 北京:人民出版社,2008.

160. 段瑞钰,汪应洛,李伯聪,等. 工程哲学[M]. 北京:高等教育出版社,2007.